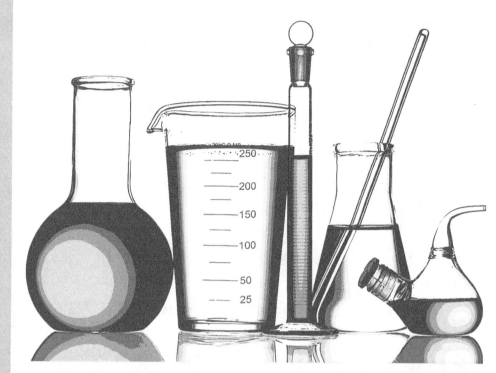

化工原理实验立体教材

HUAGONG YUANLI SHIYAN LITI JIAOCAI

主 编 宋 莎

副主编 王艳力 王 君 黎亚明

哈尔滨工程大学出版社

内 容 简 介

本书涵盖实验室安全环保规范、常用化工仪器使用、流程模拟软件简介和参数控制技术等内容。实验部分涉及流体阻力、传热、吸收、精馏、过滤、泵、萃取、干燥等主要单元操作和辅助教学的 8 个仿真实验,可帮助拓展实验技能知识面、强化工程取向。书中还包括了计算机软件回归数据实例、实验报告及相关学术论文撰写要求,实用性强。

本书可作为高等院校的化工原理实验教材,亦可供有关部门从事科研、设计及生产的工程技术人员参考。

图书在版编目(CIP)数据

化工原理实验立体教材/宋莎主编. —哈尔滨:哈
尔滨工程大学出版社,2017.7(2020.7 重印)
ISBN 978 - 7 - 5661 - 1522 - 5

Ⅰ.①化…　Ⅱ.①宋…　Ⅲ.①化工原理 - 实验 - 教材
Ⅳ.①TQ02 - 33

中国版本图书馆 CIP 数据核字(2017)第 133433 号

选题策划　龚晨
责任编辑　张忠远　马毓聪
封面设计　博鑫设计

出版发行　哈尔滨工程大学出版社
社　　址　哈尔滨市南岗区南通大街 145 号
邮政编码　150001
发行电话　0451 - 82519328
传　　真　0451 - 82519699
经　　销　新华书店
印　　刷　北京中石油彩色印刷有限责任公司
开　　本　787 mm×1092 mm　1/16
印　　张　10
字　　数　262 千字
版　　次　2017 年 7 月第 1 版
印　　次　2020 年 7 月第 2 次印刷
定　　价　29.80 元
http://www.hrbeupress.com
E-mail:heupress@ hrbeu.edu.cn

前　言

化工原理实验是化工原理理论运用于实践不可缺少的中间环节和桥梁,工程性和实用性强。本书旨在巩固化工原理基础理论知识,引导学生利用化工过程与设备、实验方法学、现代控制原理等理论知识分析和设计化工单元操作实验,了解典型设备的构造、操作原理和设计计算,达到全面提高学生实践能力的目的,使学生具备化学工程的开发、设计与操作的基本能力,为其成为化工等相关专业的卓越工程人才奠定坚实的基础。

本书是与"化工原理"理论课教学紧密配合的实验教学用书,以全国高等院校化工原理课程教学指导委员会提出的实验教学基本要求为编制依据,具有如下几个特点:

(1)探索基于 PBL(Problem-Base Learning)模式的教材编写方式

为突出问题的引导和启发作用,每个实验项目的开头和结尾均精心设置相关思考题,启发学生在预习实验时关注关键问题,结合具体的实验设计与实验理论提高实验成功率,在实验结束后能够深入思索,做好实验总结。

(2)建立实验课程的立体化教材内容

本书保留了原有的流体阻力、过滤、传热、吸收、精馏和干燥等典型的化工原理实验,增加了对酸度计、人工智能工业调节器、TCD 气相色谱仪、变频器等化工原理实验室常用仪器的介绍;引入计算机教学手段,通过实例说明如何用 Excel 和 Origin 等软件对实验数据进行拟合处理,选用典型的化工原理仿真实验,以达到辅助实验和课程立体教学的目的;提供实验报告模版,部分数据处理的重点附有提示,以保证实验报告撰写标准化。

(3)强化工程取向的实验教材内容

实验教学项目涵盖基本实验、提高性实验、设计型实验和仿真实验四类,增加了工程学科的研究方法、实验流程设计、实验安全与环保规范和常用工程单位换算等内容,力求培养学生分析、设计、解决问题的工程能力,使教师和学生有章可循。

本书由哈尔滨工程大学宋莎任主编,王艳力、王君、黎亚明任副主编。第 6 章实验 1、实验 6、实验 10、实验 11 和附录的部分内容由王艳力编写;其余章节由宋莎编写;"恒压过滤参数的测定"实验设备由黎亚明设计并制造。全书由宋莎统稿,宋莎、王君校审。

书中所有实验项目是哈尔滨工程大学化工原理教师和实验中心人员经过多年努力逐步完善,同时参阅了多本实验教材及讲义编写而成的,在此一并向相关人员表示谢意。本书在编写过程中,还得到了哈尔滨工程大学本科生教材立项资助,特此致谢。

限于编者水平,书中难免有不足之处,恳请读者批评指正,以便编者更好地完善本书,提高实验教学水平。

编　者

2017 年 4 月

目　　录

绪论 …………………………………………………………………………… 1

0.1　化工原理实验的意义和目的 ……………………………………… 1

0.2　化工原理实验研究方法 …………………………………………… 2

0.3　实验的要求 ………………………………………………………… 3

0.4　实验室安全与环保操作规范 ……………………………………… 5

第1章　实验误差分析 ………………………………………………… 14

1.1　误差的基本概念 …………………………………………………… 14

1.2　产生误差的原因 …………………………………………………… 16

1.3　精密度、正确度和准确度(精确度) ……………………………… 17

1.4　可疑值的判断与删除 ……………………………………………… 17

第2章　实验数据的处理 ……………………………………………… 24

2.1　数据的计算 ………………………………………………………… 24

2.2　实验数据的列表表示法 …………………………………………… 26

2.3　实验数据的图形表示法 …………………………………………… 27

2.4　实验数据的方程表示法 …………………………………………… 29

第3章　计算机软件对实验数据进行回归处理 …………………… 45

3.1　Microsoft Excel 软件在实验数据处理中的应用 ………………… 45

3.2　Origin 软件在实验数据处理中的应用 …………………………… 50

第4章　化工实验室常用仪器的使用 ……………………………… 58

4.1　AI 人工智能工业调节器 …………………………………………… 58

4.2　酸度计 ……………………………………………………………… 61

4.3　气相色谱仪 ………………………………………………………… 65

4.4　变频器 ……………………………………………………………… 70

4.5　变截面式流量计(转子流量计) …………………………………… 72

第5章　实验流程设计 ………………………………………………… 75

5.1　实验流程设计方法 ………………………………………………… 75

5.2　常用流程模拟软件 ………………………………………………… 76

5.3　化工实验常用参数的控制技术 …………………………………… 83

第6章　实验部分 ……………………………………………………… 88

6.1　实验1　流体阻力测定实验 ……………………………………… 88

6.2　实验2　离心泵性能测定实验 …………………………………… 92

6.3　实验3　恒压过滤参数的测定实验 ……………………………… 97

6.4　实验4　传热实验 ………………………………………………… 101

6.5　实验5　空气－水蒸气传热综合实验 …………………………… 104

6.6　实验 6　气体的吸收与解吸实验 ································· 111

6.7　实验 7　筛板式精馏塔的操作及塔板效率测定实验 ········ 115

6.8　实验 8　精馏综合实验 ······································· 119

6.9　实验 9　液液萃取实验 ·· 123

6.10　实验 10　孔道干燥实验 ······································ 129

6.11　实验 11　仿真实验 ·· 135

第 7 章　化学实验报告及相关学术论文的撰写 ···················· 137

7.1　传统实验报告格式 ·· 137

7.2　化学实验相关论文的格式 ····································· 138

附录 A　常用物理量的单位和量纲 ································ 142

附录 B　单位换算表 ··· 143

附录 C　常温、常压下苯甲酸 – 煤油 – 水平衡数据 ·············· 145

附录 D　干空气的物理性质(101.33 kPa) ························ 146

附录 E　铜 – 康铜热电偶分度表(单位:mV) ···················· 147

附录 F　水的物理性质 ··· 148

附录 G　常压下不同温度空气饱和水溶解氧的浓度 ··············· 150

附录 H　常温、常压下乙醇 – 水气液平衡数据 ··················· 151

附录 I　缓冲溶液的 pH 值与温度关系对照表 ···················· 152

附录 J　缓冲溶液的配置 ··· 153

参考文献 ·· 154

绪　　论

0.1　化工原理实验的意义和目的

　　化学工程(简称化工)原理是以化工生产过程为研究对象的工程学科,它紧密联系化工生产实际,是化工专业学生的一门重要技术基础课。实验则是学生学习、掌握和运用这门课程不可或缺的环节。实验是教学中的实践环节,是学生巩固理论知识、从实践进一步学习新知识的重要途径,它与课堂讲解、习题课、课程设计一样,是教学过程的重要组成部分。所以,学生应当重视实验教学,认真上好实验课。

　　在近代科学技术的发展中,实验研究是不可或缺的手段和方法。同学们必须认识到,化学工程的建立与发展,如同其他学科一样,除了生产经验的总结外,理论与技术的进步都是建立在实验研究的基础上的。由于化学工程领域遇到的问题和处理的现象都十分复杂,许多实验问题,不能只依靠几个假设与定理,通过演绎推理的方法得到可以应用的结果。一般来说,无论理论问题还是工程问题,都需要通过实验来验证开始的假设与模型,从实验中发现问题、认识规律、总结经验上升为理论,或者将实验结果归纳整理为经验或半经验的结果。工程设计的依据,新技术的开发和应用,都离不开实验研究。化工原理涉及的绝大部分内容,也多半是以实验为基础的经验或半经验关联。例如,流体在管内流动的阻力计算的研究,摩擦因数 λ 的研究就是分析研究了影响阻力大小的许多因素,如管径 d、管壁粗糙度 e、流动状态等,利用因次分析的方法得到准数的关系,如:

$$\frac{\Delta P_f}{\rho u^2} = f(Re, \frac{l}{d}, \frac{e}{d})$$

或

$$\lambda = f(Re, \frac{e}{d})$$

　　然后,通过实验确定它们之间的定量关系。例如,层流关系式为 $\lambda = 64/Re$,无论是实验研究还是理论推导都证明了这个关系是正确的。湍流区、完全湍流区情况比较复杂,至今还不能完全从理论上得到令人满意的结果,都是借助实验得到结果。如适用于光滑管,著名的计算式为柏拉修斯公式 $\lambda = 0.3164/Re^{0.25}$。同样,在其他化工单元过程(如过滤、传热、吸收、干燥等)中也都有类似的经验式,需要通过实验来确定各个变量之间的定量关系。由此看来,实验工作是不可或缺的,是化学工程发展的重要基础。

　　因此,作为化工专业的学生,在学习化工原理时,不仅要认真学好基础理论知识,同时也要认真学习实验,学会研究化学工程问题的实验方法,把自己培养成既懂理论又会实践的全面发展的合格学生。为此,化工原理实验课预期达到以下目的:

　　(1)配合理论教学,使学生通过实验从实践中进一步学习,掌握和运用学过的基本理论;

（2）运用化工基本理论分析实验过程中出现的各种现象和问题,培养训练学生分析和解决问题的能力;

（3）了解实验设备的结构、特点,学习常用仪表的使用,使学生掌握化工实验的基本方法,并通过实验操作进行实验技能的训练和培养;

（4）通过实验数据的分析处理,编写实验报告,培养、训练学生的实际计算能力和组织报告的能力;

（5）通过实验,逐步培养学生良好的思想作风和工作作风,以严谨、科学、求实的精神对待实验与研究工作。

0.2　化工原理实验研究方法

化学工程学科,如同其他工程学科一样,除了生产经验的总结之外,实验研究是学科建立和发展的重要基础。多年来,化工原理实验在发展过程中形成的研究方法有直接实验法、理论指导下的因次分析法和数学模型法等几种。

0.2.1　直接实验法

直接实验法是解决工程实际问题的最基本的方法,一般是指对特定的工程问题进行直接实验测定,从而得到需要的结果。这种方法得到的结果较为可靠,但它往往只能用到条件类似的情况,具有较大的局限性。例如物料干燥问题,已知物料的含水率,利用空气作为干燥介质,在空气温度、湿度、流量一定的条件下,按实验测定的干燥时间和物料失水量,可以作出物料的干燥曲线,如果物料的干燥条件不同,所得的干燥曲线也是不同的。

对一个多变量影响的工程问题进行实验,为研究过程的规律,可用网络法实验测定。即依次固定其他变量,改变某一个变量测定目标值。如果变量个数为 m,每个变量改变条件的次数为 n,按照这种方法规划实验,所需的实验次数为 n^m。依照这种方法组织实验,所需的实验数目非常庞大,难以实现,所以实验需要在一定的理论指导下进行,以减少工作量并使得到的结果具有一定的普遍性。

0.2.2　因次分析法

因次分析法是在化学工程实验研究中广泛使用的一种方法。在流体力学与传热过程问题研究中,有许多影响这些过程的变量,如设备的几何条件、流体流动条件、流体的物性变化等,利用直接实验法测定会使研究工作困难,因为改变许多变量来做实验几乎是不可能的,而且实验结果也难以普遍使用,利用因次分析方法则可以大大减少工作量。

因次分析法所依据的基本原则是物理方程的因次一致性。将多变量函数整理为简单的无因次数群的函数,然后通过实验归纳整理出准数关系式,从而大大减少实验工作量,同时也容易将实验结果应用到工程计算和设计中。因次分析法的具体步骤如下:

（1）找出影响过程的独立变量;

（2）确定独立变量所涉及的基本因次;

（3）构造变量与自变量间的函数式,通常以指数方程的形式表示;

（4）用基本因次表示所有独立变量的因次,并写出各独立变量的因次式;

（5）依据物理方程的因次一致性和 π 定理得出准数方程；

（6）通过实验归纳总结准数方程的具体函数式。

在因次分析法的指导下，可以将一个复杂的多变量影响的管内流体阻力计算问题简化为摩擦因数的研究和确定。具体的函数关系还必须依靠实验确定。

许多实验研究了各种具体条件下的摩擦因数的计算表达式，其中较为著名的如适用于光滑管的柏拉修斯（Blasius）公式 $\lambda = 0.3164/Re^{0.25}$，其他结果可以参照化工原理教材及有关手册。

在传热过程的问题研究中，影响过程的物理量变化有热量、温度。在因次分析中，温度作为基本因次引入；如果热量不是用质量和温度定义的，热量也可以作为基本因次。利用因次分析方法，也可以得到许多不同传热过程的准数函数。

如此看来，因次分析法是化工实验研究的有用工具，它给出了减少实验变量的方法。但是，在变量合并过程中如何合并变量为有用的准数，是研究者必须十分注意的问题。若假设指数的条件不同，整理得到的准数形式亦不同。另外还必须指出的是，应用因次分析的过程，必须对所研究的过程问题有本质理解。如果有一个重要的变量被遗漏，那么就会得出不正确的结果，甚至导致谬误的结论。所以，应用因次分析法必须持谨慎态度。

0.2.3 数学模型法

数学模型法是近 20 年内产生、发展和日趋成熟的方法，但这一方法的基本要素在化工原理各单元中早已应用，只是未上升为模型方法的高度。数学模型法是在对研究的问题有充分认识的基础上，将复杂问题做合理简化，提出一个近似实际过程的物理模型，并用数学方程（或者微分方程）表示数学模型，然后确定该方程的初始条件及边界条件，求解方程。随着高速大容量电子计算机的使用，数学模型方法得到迅速发展，成为化学工程研究中的强有力工具。但是，这并不意味着可以取消或削弱实验环节。相反，这对工程实验提出了更高的要求。一个新的、合理的数学模型往往是在现象观察的基础上，或对实验数据进行充分研究后建立提出的，新的模型核心引出一定程度的近似和简化，或引入一定的参数，这一切都有利于实验进一步的修正、校核和检验。

0.3 实验的要求

0.3.1 实验课基本守则

（1）准时进实验室，不得迟到或早退，不得无故缺课。

（2）遵守课堂纪律，严肃认真地进行实验。室内不准吸烟，不准喧哗说笑或进行与实验无关的活动。

（3）对实验设备、仪器等在没弄清楚使用方法之前，不得开启。

（4）爱护实验设备、仪表。注意节约使用水、电、气及药品。损坏设备、仪器应报告指导教师，填写破损报告单，由实验室审核上报、听候处理。

（5）注意安全及防火。电动机启动前，应观察电机及运转部件附近有无人在工作。合上电闸时，应慎防触电。注意电机有无怪声和发热。精馏实验附近不得动明火。

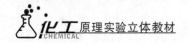

（6）实验结束后，应安排人员清扫现场卫生，检查合格之后方可离开。

0.3.2　实验准备

实验前必须认真预习实验讲义和教材有关章节，很好地了解所做实验的目的、要求、方法和基本原理。在全面预习的基础上写出预习报告（内容应包括：目的、原理、预习中的问题），并准备好记录用的表格。

进入实验室后，要详细了解实验装置的流程、主要设备的结构、测量仪表的使用及实验操作方法，并认真思考实验操作步骤、测量记录的内容和测定数据的方法，对实验预期的结果、可能发生的故障和排除方法做一些基本的分析和估计。

实验前，小组成员必须分工明确，要协调一致。检查、调整设备进入可启动状态，然后再启动（送电、水、气等）运行。

0.3.3　实验进行中

实验过程中，应全神贯注地精心操作，随时注意观察现象，注意发现问题。实验中要认真仔细地测定数据，将数据记录在规定的表格中。对数据要判断合理性，实验过程中若出现数据重复性差、规律性差的现象，应分析实验中的问题，找出原因加以解决。必要的返工是需要的，而任何草率、不负责任的学习态度是有害的。

做完实验后，要对数据进行初步检查，查看数据的规律性以及有无遗漏或记错，一经发现应及时补正。记录实验数据，应请指导教师检查同意之后再停止实验，将设备恢复到实验前的状态。

0.3.4　实验记录

实验记录是处理实验结果的依据，认真做好实验记录很重要。应按实验内容预先制出记录表格。记录应认真仔细、整齐清楚。在实验中应逐渐养成良好的记录习惯。原始的记录要注意保存，以便查对核实时使用。根据以往实验的经验，提出以下几点参考意见。

（1）稳定操作过程。在改变操作条件之后，一定要等待过程重新稳定后再开始读数记录。不稳定的操作过程，对过程进行熟悉之后，从过程开始就进行读数记录。

（2）记录数据应是直读数值，不要经过运算后再记。例如，停表读数 1 分 38 秒，就应记"1′38″"，不应记为"98″"；又如，U 型压差计两臂液柱高差应分别读数记录，不应只读或记液柱的差值。

（3）根据测量仪表的精确度，正确读取有效数字。例如，1/10 ℃分度的温度计，读数是22.24 ℃，有效数字为四位，可靠值为三位，读数的最后一位是带有读数误差的估计值差。尽管带有误差，在测量工作中还是进行估计，因为估计总比不估计好。一般读数误差不会超过最小刻度 ±0.5。

（4）对待实验记录应采取科学的态度，不要主观臆测、修改记录数据，也不要随意舍弃数据。对可疑数据，除确有明显原因，如读错、误记等，使数据不正确，可以舍弃之外，一般应留在数据处理时检查处理。数据处理时可以根据已学知识，如以热量衡算或物料衡算为依据，或根据误差理论舍弃原则来进行处理。

0.3.5　实验报告

实验结束后,应及时处理数据,按实验报告要求,严肃认真地完成实验报告的整理、编写工作。实验报告是实验工作的总结,编写报告是对学生能力的训练,因此,要求学生应各自独立地完成报告,应避免抄袭行为。实验报告应包括以下内容:

(1)实验目的;

(2)实验任务;

(3)实验的基本原理;

(4)实验设备及流程,简要的操作说明;

(5)原始记录表;

(6)实验结果的表格、图表或关系式等,并要求有一组实验数据的计算示例;

(7)讨论。

实验报告应有分析和说服力。报告文句应力求简明,书写清楚,正确使用标点,图表应整齐地放在适当位置,并装订成册。实验报告按照传统实验报告格式或小论文格式撰写,具体要求见第 7 章。报告应在指定时间交给指导教师批阅。

0.4　实验室安全与环保操作规范

化工原理实验与一般化学实验比较起来,有某些相同点,也有其自身的特殊性。每一个化工原理实验相当于一个小型单元生产流程,电器、仪表和机械传动设备等组合为一体。学生们初进化工原理实验室进行实验,为保证人身安全和仪器设备的正常使用等,还应了解实验室的防火、用电、防爆和防毒等安全知识与环保操作规范。

0.4.1　化工实验注意事项

1. 设备启动前必须检查的事项

(1)泵、风机、电机等转动设备,用手使其运转(断电情况下),从感觉及声音上判别有无异常,检查润滑油位是否正常;

(2)设备上阀门的开关状态;

(3)接入设备的仪表的开关状态;

(4)设备外壳的安全措施,如防护罩、绝缘垫、隔热层等。

2. 仪器仪表使用前必须做到的事项

(1)熟悉原理与结构;

(2)掌握连接方法与操作步骤;

(3)分清量程范围,掌握正确的读数方法;

(4)接入电路前必须经教师检查。

3. 操作过程中应做到的事项

注意分工配合,严守自己的岗位,认真操作。关心和注意实验的进行,随时观察仪表指示值的变动,保证操作过程在稳定的条件下进行。产生不合规律的现象时要及时观察研究,分析原因,不要轻易放过。

4. 异常情况处理

操作过程中设备及仪表发生问题应立即按停车步骤停车,报告指导教师。同时,应自己分析原因供教师参考。未经教师同意不得自行处理。在教师处理问题时,学生应了解其过程,这是学习分析问题与处理问题的好机会。

5. 实验结束应做到的事项

实验结束时应先将有关的热源、水源、气源、仪表的阀门关闭,然后再切断电机电源。

6. 提高实验安全防范意识

化工实验要特别注意安全。实验前要搞清楚总水闸、电闸、气源阀门的位置和灭火器材的安放地点。

0.4.2 化工实验安全知识

为确保设备和人身安全,实验者必须具有最基本的安全知识,因为事故经常是由于无知和粗心造成的。

1. 危险药品的分类

实验室常用的危险品必须合理分类存放。易燃物品不能与氧化剂放在一起,以免产生着火燃烧的危险。对不同的危险药品,在为扑救火灾选择灭火剂时,必须针对药品进行选用,否则不仅不能取得预期效果,反而会引起其他的危险。例如,着火处如果有金属钾、钠存放,不能用水进行灭火,因为水与金属钾、钠等剧烈反应,会发生爆炸,十分危险;轻质油类着火时,不能用水灭火,否则会使火灾蔓延;若着火处有氰化钾,则不能使用泡沫灭火剂,因为灭火剂中的酸与氰化钾反应生成剧毒的氰化氢。因此,了解危险品性质与分类十分必要。

危险药品大致分为以下几种类型。

(1)自燃物品

带油污的废纸、废橡胶、硝化纤维、黄磷等都属于自燃性物品。它们在空气中能因逐渐氧化而自燃,如果热量不能及时散失,温度会逐渐升高到该物品的燃点,发生燃烧。因此,对这类自燃性废弃物,不要在实验室内堆放,应当及时清除,以防意外。

(2)爆炸性物品

常见的爆炸性物品有硝酸铵(硝铵炸药的主要成分)、雷酸盐、重氮盐、三硝基甲苯(TNT)和其他含有三个以上硝基的有机化合物等。

这类化合物对热和机械作用(研磨、撞击等)很敏感,爆炸威力都很强,特别是干燥的爆炸物爆炸时威力更强。

(3)氧化剂

氧化剂包括高氯酸盐、氯酸盐、次氯酸盐、过氧化物、过硫酸盐、高锰酸盐、铬酸盐及重铬酸盐、硝酸盐、溴酸盐、碘酸盐、亚硝酸盐等。其本身一般不能燃烧,但在受热、受阳光照射或与其他药品(酸、水等)作用时,能产生氧气,起助燃作用,并造成猛烈燃烧。如过氧化钠与水作用,反应剧烈并能引起猛烈燃烧。强氧化剂与还原剂或有机药品混合后,能因受热、摩擦、撞击发生爆炸。例如,氯酸钾与硫混合可因撞击而爆炸,过氯酸镁是很好的干燥剂,若被干燥的气流中存在烃类蒸气,其吸附烃类后就有爆炸危险。

通常,人们对氧化剂的危险性认识不足,这常常是发生事故的原因之一,必须予以足够的重视。

(4)遇水燃烧物

钾、钠、钙等轻金属遇水时能产生氢气和大量的热,以至发生爆炸。碳化钙(别称电石)遇水能产生乙炔和大量的热,即使冷却有时也能着火,甚至会引起爆炸。

(5)易燃液体和可燃气体

易燃液体和可燃气体在实验室内大量存在时,容易挥发和燃烧,达到一定浓度遇明火即着火。若在密封容器内着火,甚至会造成容器超压破裂而爆炸。易燃液体的蒸气密度一般比空气大,当它们在空气中挥发时,常常在低处或地面上漂浮,因此可能在距离存放这种液体的地面相当远的地方着火,着火后容易蔓延并回传,引燃容器中的液体。所以,使用这种物品时必须严禁明火,远离电热设备和其他热源,更不能同其他危险品放在一起,以免引起更大危害。

(6)易燃固体

松香、石蜡、硫、镁粉、铝粉等都属于易燃固体。它们不自燃,但易燃。燃烧速度一般较快。这类固体若以粉尘悬浮物的形式分散在空气中,达到一定浓度时,遇有明火就可能发生爆炸。

(7)毒害性物品

凡是少量就能使人中毒受害的物品都称毒品。中毒途径有误服、吸入呼吸道或皮肤被沾染等。有的蒸气有毒,如汞;有的固体或液体有毒,如钡盐、农药。根据毒品对人身的危害程度分为剧毒药品(氰化钾、砒霜等)和有毒药品(农药)。使用这类物质应十分小心,以防止中毒。实验室所用毒品应有专人管理,建立保存与使用档案。

(8)腐蚀性物品

腐蚀性物品包括强酸、强碱,如硫酸、盐酸、硝酸、氢氟酸、苯酚、氢氧化钾、氢氧化钠等。它们对皮肤和衣物都有腐蚀作用。特别是在浓度和温度都较高的情况下,作用更甚。使用这些药品时应防止与人体(特别是眼睛)和衣物直接接触。灭火时也要考虑是否有这类物质存在,以便采取适当措施。

(9)压缩气体与液化气体

该类物品有三种:①可燃性气体(氢气、乙炔、甲烷、煤气等);②助燃性气体(氧气、氯气等);③不燃性气体(氮气、二氧化碳等)。该类物品的使用和操作有一定要求,有关内容详见0.4.3节。

2.危险药品的安全使用

实验用的有毒化学药品必须按规定手续领用与保管。剧毒品要登记注册,并有专人管理。使用后的废液必须妥善处理,不允许倒入下水道和酸缸中。凡是产生有害气体的实验操作,必须在通风橱内进行。应注意不使毒品洒落在实验台或地面上,一旦洒落必须彻底清理干净。绝不允许用实验室内任何容器做食具,也不准在实验室内吃食品,实验完毕必须多次洗手,确保人身安全。

具有污染性质的化学药品不能与一般化学试剂放在一起。有污染性物质的操作必须在规定的防护装置内进行。违反规程造成他人的人身伤害应负法律责任。

实验室内防毒、防污染的操作一般离不开防毒面具、防护罩和其他的工具,在此一并略去,不过多介绍。

对于易燃易爆药品应根据实验的需用量按照规定数量领取。不能在实验场所存放大量该类物品。存放易燃品应严禁明火,远离热源,避免日光直射。有条件的实验室应设专用储放室或存放柜。

危险性物品在实验前应结合实验具体情况,制定出安全操作规程。在蒸馏易燃液体、有机物品或在高压釜内进行液相反应时,加料的数量绝不允许超过容器的三分之二。在加热和操作过程中,操作人员不得离岗,不允许在无操作人员监视的情况下加热。对沸点低的易燃有机物品蒸馏时,不应使用直接明火加热,也不能加热过快,否则会致使急剧汽化而冲开瓶塞,引起火灾或造成爆炸。进行这类实验的操作人员,必须熟悉实验室中灭火器材存放地点及使用方法。

在化工实验中,往往被人们忽视的有毒物质是压差计中的水银。如果操作不慎,压差计中的水银可能被冲出来。水银是一种累积性的有毒物质,进入人体不易被排除,累积多了就会中毒。因此,一方面,装置中应竭力避免采用水银;另一方面,要谨慎操作,开关阀门要缓慢,防止冲走压差计中的水银。操作过程要小心,不要碰破压差计。一旦水银冲出来,一定要认真地尽可能地将它收集起来。对于实在无法收集的细粒,也要用硫黄粉和氯化铁溶液覆盖。细粒水银蒸发面大,易于蒸发汽化,不能采用扫帚扫或用水冲的办法。

3. 易燃物品的安全使用

各种易燃液体、有机化合物蒸气和易燃气体在空气中含量达到一定浓度时,就能与空气(实际是氧气)构成爆炸性的混合气体。这种混合气体若遇到明火就会发生闪燃爆炸。

任何一种可燃气体在空气中构成爆炸性混合气体时,该气体的最低体积分数称爆炸下限,该气体的最高体积分数称爆炸上限,下限与上限之间称爆炸范围。体积分数低于爆炸下限或高于爆炸上限的可燃性气体和空气构成的混合气体都不会发生爆炸。体积分数超过上限的混合气遇明火会发生燃烧,但不会爆炸。例如,甲苯蒸气在空气中的体积分数为1.2% ~ 1.7%时就构成爆炸性的混合气体。在这个浓度范围遇明火(火红的热表面、火花等各种火源)即发生爆炸,低于1.2%或高于1.7%都不会发生爆炸。

当某些可燃性气体或蒸气遇空气混合进行燃烧时,也可能突然发生爆炸。这是由于该气体在空气中所占的体积比逐渐升高或降低,浓度由爆炸范围以外进入爆炸范围以内所致。反之,爆炸性的混合气体由于成分的变化也可以从爆炸范围内逐渐变至爆炸范围以外,成为非爆炸性气体。

这类具有爆炸性的混合气体在使用时应倍加重视,但也并不可怕。若能认真而严格地按照安全规程操作,是不会有危险的,因为构成爆炸应具备两个条件:①可燃物在空气中的浓度在爆炸范围内;②有明火存在。故防止方法就是不使浓度进入爆炸范围以内。在配气时,必须严格控制。使用可燃气体时,必须在系统中充氮气吹扫空气,同时还必须保证装置严密不漏气。实验室要保证良好的通风,并禁止在室内有明火和敞开式的电热设备,也不能让室内有产生火花的必要条件存在等。此外,应注意某些剧烈的放热反应操作,避免引起自燃或爆炸。总之,只要严格掌握和遵守有关安全操作规程就不会发生事故。

0.4.3　高压气瓶的安全使用

在化工实验中,另一类需要引起特别注意的物品,就是各种高压气体。化工实验中所用的气体种类较多:一类是具有刺激性气味的气体,如氨气、二氧化硫等,这类气体的泄漏一般容易被发觉;另一类是无色无味,但有毒性或易燃、易爆的气体,如一氧化碳等,不仅易导致中毒,而且在室温下空气中的爆炸范围为 12% ~74%(体积分数)。当气体和空气的混合物在爆炸范围内时,只要有火花等诱发,就会立即爆炸。氢气在室温下空气中的爆炸范围为4% ~75.2%(体积分数)。因此,使用有毒或易燃易爆气体时,系统一定要严密不漏,尾气要导出室外,并注意室内通风。

高压气瓶是一种储存各种压缩气体或液化气体的高压容器。气瓶容积一般为40 ~60 L,最高工作压力为 15 MPa,最低的也在 0.6 MPa 以上。瓶内压力很高,储存的某些气体本身又是有毒或易燃易爆,故使用气瓶一定要掌握其构造特点和安全知识,以确保安全。

气瓶主要由筒体和瓶阀构成,其他附件还有保护瓶阀的安全帽、开启瓶阀的手轮、使运输过程减少震动的橡胶圈。另外,在使用时瓶阀出口还要连接减压阀和压力表。

标准高压气瓶是按国家标准制造的,经有关部门严格检验方可使用。各种气瓶使用过程中,还必须定期送有关部门进行水压试验。检验合格的气瓶,在瓶肩上用钢印打上如下资料:

(1)制造厂家;

(2)制造日期;

(3)气瓶型号和编号;

(4)气瓶质量;

(5)气瓶容积;

(6)工作压力;

(7)水压试验压力,水压试验日期和下次试验日期。

各类气瓶的表面都应涂上一定颜色的油漆,其目的不仅是为了防锈,主要是能从颜色上迅速辨别气瓶中所储存气体的种类,以免混淆。常用的各类气瓶的颜色及其标志如表0 -1所示。

表 0 -1　常用的各类气瓶的颜色及其标志

气体种类	工作压力/MPa	水压试验压力/MPa	气瓶颜色	标示	标示颜色	阀门出口螺纹
氧气	15	22.5	浅蓝色	氧	黑色	正扣
氢气	15	22.5	暗绿色	氢	红色	反扣
氮气	15	22.5	黑色	氮	黄色	正扣
氦气	15	22.5	棕色	氦	白色	正扣
压缩空气	15	22.5	黑色	压缩空气	白色	正扣
二氧化碳	12.5(液)	19	黑色	二氧化碳	黄色	正扣
氨气	3(液)	6	黄色	氨	黑色	正扣
氯气	3(液)	6	草绿色	氯	白色	正扣
乙炔	3(液)	6	白色	乙炔	红色	反扣
二氧化硫	0.6(液)	1.2	黑色	二氧化硫	白色	正扣

为了确保安全,在使用气瓶时,以下几点必须要注意。

(1)气瓶即使在温度不高的情况下受到猛烈撞击,或不小心将其碰倒跌落,都有可能引起爆炸。因此,气瓶在运输过程中,要轻搬轻放,避免跌落撞击,使用时要固定牢靠,防止碰倒。更不允许用锥子、扳手等金属器具击打钢瓶。

(2)当气瓶受到明火或阳光等热辐射的作用时,气体因受热而膨胀,使瓶内压力增大。当压力超过工作压力时,就有可能发生爆炸。因此,在气瓶运输、保存和使用时,应远离热源(明火、暖气、炉子等),并避免长期在日光下曝晒,尤其在夏天更应注意。

(3)瓶阀是气瓶的关键部件,必须保护好,否则将会发生事故。

①若瓶内存放的是氧气、氢气、二氧化碳和二氧化硫等,瓶阀应用铜和钢制成。当瓶内存放的是氨气,则瓶阀必须用钢制成,以防腐蚀。

②使用气瓶时,必须用专用的减压阀和压力表。尤其是氢气和氧气的减压阀不能互换,为了防止氢气和氧气两类气体的减压阀混用造成事故,氢气表和氧气表的表盘上都注明有氢气表和氧气表的字样。氢气及其他可燃气体瓶阀,连接减压阀的连接管为左旋螺纹;而氧气等不可燃烧气体瓶阀,连接管为右旋螺纹。

③氧气瓶阀严禁接触油脂。高压氧气与油脂相遇,会引起燃烧,以至爆炸。开关氧气瓶时,切莫用带油污的手和扳手。

④要注意保护瓶阀。开关瓶阀时一定要搞清楚方向缓慢转动,旋转方向错误和用力过猛会使螺纹受损,使瓶阀冲脱而出,造成重大事故。关闭瓶阀时,不漏气即可,不要关得过紧。用毕和搬运时,一定要安上保护瓶阀的安全帽。

⑤瓶阀发生故障时,应立即报告指导教师。严禁擅自拆卸瓶阀上的任何零件。

(4)当气瓶安装好减压阀和连接管线后,每次使用前都要在瓶阀附近用肥皂水检查,确认不漏气才能使用。对于有毒或易燃易爆气体的气瓶,除了保证严密不漏外,最好单独放置在远离实验室的小屋里。

(5)气瓶中气体不要全部用净。一般气瓶使用到压力为 0.5 MPa 时,应停止使用,压力过低会给充气带来不安全因素。当气瓶内压力与外界大气压力相同时,会造成空气的进入。对危险气体来说,由于上述情况在充气时发生爆炸事故已有许多教训。乙炔气瓶规定剩余压力与室温有关,如表 0-2 所示。

表 0-2　乙炔气瓶的剩余压力与室温的关系

室温/℃	< -5	-5~5	5~15	15~25	25~35
剩余压力/MPa	0.05	0.1	0.15	0.2	0.3

(6)气瓶必须严格按期检验。

0.4.4　实验室消防知识

实验操作人员必须了解消防知识。实验室内应准备一定数量的消防器材。工作人员应熟悉消防器材的存放位置和使用方法,绝不允许将消防器材移作他用。实验室常用的消防器材包括以下几种。

1.灭火沙箱

易燃液体和其他不能用水灭火的危险品,着火时可以用沙子来扑灭。它能隔断空气并起到降温作用以达到灭火的目的。但沙中不可混有较多的可燃性杂物,否则着火后会因水分蒸发造成燃着的液体飞溅。沙箱中存沙有限,实验室内又不能存放过多沙箱。故这种灭火工具只能扑灭局部小规模的火源。对于不能覆盖的大面积火源,因沙量太少而作用不大。此外还可用不燃性固体粉末灭火。

2.石棉布、毛毡或湿布

这些器材适于迅速扑灭火源区域不大的火灾,也是扑灭衣服着火的常用方法。其作用是隔绝空气达到灭火目的。

3.泡沫灭火器

实验室多用手提式泡沫灭火器。它的外壳用薄钢板制成,内有一个玻璃胆,其中盛有硫酸铝。胆外装有碳酸氢钠溶液和发泡剂。灭火液由50份硫酸铝、50份碳酸氢钠及5份发泡剂组成。使用时将灭火器倒置,马上发生化学反应,生成含二氧化碳的泡沫。

$$6NaHCO_3 + Al_2(SO_4)_3 \Longrightarrow 3Na_2SO_4 + 2Al(OH)_3 + 6CO_2\uparrow$$

此泡沫黏附在燃烧物表面上,形成与空气隔绝的薄层而达到灭火目的。它适用于扑灭实验室的一般火灾。油类着火在开始时可使用,但不能用于扑灭电线和电器设备火灾。因为泡沫本身是导电的,这样会造成扑火人触电事故。

4.四氯化碳灭火器

该灭火器是在钢筒内装有四氯化碳并压入0.7 MPa的空气,使灭火器具有一定的压力。使用时将灭火器倒置,旋开手阀即喷出四氯化碳。它是不燃液体,其蒸气密度比空气大,能覆盖在燃烧物表面,使其与空气隔绝而灭火。它适用于扑灭电器设备的火灾。但使用时要站在上风侧,因为四氯化碳是有毒的。室内灭火后应打开门窗通风一段时间,以免中毒。

5.二氧化碳灭火器

该灭火器钢筒内装有压缩的二氧化碳。使用时,旋开手阀,二氧化碳就能急剧喷出,使燃烧物与空气隔绝,同时降低空气中含氧量。当空气中二氧化碳的含量(二氧化碳的体积分数)为12%～15%时,燃烧即停止。但使用时要注意防止现场人员窒息。

6.其他灭火剂

干粉灭火剂可扑灭易燃液体、气体、带电设备引起的火灾。1211灭火器适用于扑救油类、电器类、精密仪器等火灾,在一般实验室内使用不多,对大型及大量使用可燃物场所应备用此类灭火剂。

0.4.5 实验室安全事故处理

在实验操作过程中,总会不可避免地发生危险事故,如火灾触电、中毒及其他意外事故。为了及时阻止事故进一步扩大,在紧急情况下,应立即采取果断有效的措施。

1.割伤

取出伤口中的玻璃片或其他固体物,然后抹上红药水并包扎。

2.烫伤

切勿用水冲洗,轻伤涂以烫伤油膏、玉树油、鞣酸软膏或黄色的苦味酸溶液;重伤涂以烫伤油膏后去医院治疗。

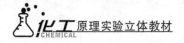

3. 试剂灼伤

被酸(或碱)灼伤,应立即用大量水冲洗,然后相应地用饱和碳酸氢钠溶液(或2%醋酸溶液)冲洗,最后再用水冲洗。严重时要消毒,拭干后涂以烫伤油膏。

4. 酸(碱)溅入眼内

立即用大量水冲洗,然后相应地用1%碳酸氢钠溶液(或1%硼酸溶液)冲洗,最后再用水冲洗。溴水溅入眼内与酸溅入眼内的处理方法相同。

5. 吸入刺激性或有毒气体

立即到室外呼吸新鲜空气。如有昏迷休克、虚脱或呼吸机能不全者,可人工呼吸,可能时立刻给予氧气和浓茶、咖啡等。

6. 毒物进入口内

(1)腐蚀性毒物

对于强酸或强碱,先饮大量水,然后相应服用氢氧化铝膏、鸡蛋清或醋酸果汁,再给以牛奶灌注。

(2)刺激剂及神经性毒物

先给以适量牛奶或鸡蛋白使之立即冲淡缓和,再给以 15 ~ 25 mL 1% 的硫酸铜溶液内服,再用手指伸入咽喉部促使呕吐,然后立即送往医院。

7. 触电

应立即落下电闸,切断电源,使触电者脱离电源。或戴上橡皮手套穿上胶底鞋,或踏干燥木板绝缘后将触电者从电源处拉开。

将触电者移至适当地方,解开衣服,必要时进行人工呼吸及心脏按压,并立即找医生处理。

8. 火灾

如一旦发生火灾,应保持沉着冷静,首先切断电源、熄灭所有加热设备,移出附近的可燃物;关闭通风装置,减少空气流通,防止火势蔓延。同时尽快拨打"119"求救。

要根据起因和火势选用合适的方法。一般的小火用湿布、石棉布或沙子覆盖燃烧物即可熄灭。火势较大时应根据具体情况采用下列灭火器。

(1)四氯化碳灭火器。用于扑灭电器内或电器附近着火,但不能在狭小的通风不良的室内使用(因为四氯化碳在高温时将生成剧毒的光气)。使用时只需开启开关,四氯化碳即会从喷嘴喷出。

(2)二氧化碳灭火器。适用性较广,使用时应注意,一手提灭火器,一手应握在喇叭筒的把手上,而不能握在喇叭筒上(否则易被冻伤)。

(3)泡沫灭火器。火势大时使用,非大火时通常不用,因事后处理较麻烦。使用时将筒身颠倒即可喷出大量二氧化碳泡沫。

无论使用何种灭火器,皆应从火的四周开始向中心扑灭。若身上的衣服着火,切勿奔跑,赶快脱下衣服,或用厚的外衣包裹使火熄灭,或用石棉布覆盖着火处,或就地卧倒打滚;或打开附近的自来水冲淋使火熄灭。严重者应躺在地上(以免火焰烧向头部)用防火毯紧紧包住直至火熄灭。烧伤较重者,立即送往医院。若个人力量无法有效地阻止事故进一步发展,应该立即报告消防队。

0.4.6　实验室环保操作规范

（1）处理废液、废物时，一般要戴上防护眼镜和橡胶手套，有时要穿防毒服装。处理有刺激性和挥发性废液时，要戴上防毒面具在通风橱内进行。

（2）接触过有毒物质的器皿、滤纸等要收集后集中处理。

（3）废液应根据物质性质的不同分别集中在废液桶内，贴上标签，以便处理。在集中废液时要注意有些废液不可以混合，如过氧化物和有机物，盐酸等挥发性酸与不挥发性酸，铵盐及挥发性胺与碱等。

（4）实验室内严禁吃食品，离开实验室要洗手，如面部或身体被污染必须清洗。

（5）实验室内须采用通风、排毒、隔离等安全环保防范措施。

第 1 章　实验误差分析

由于实验方法和实验设备的不完善、周围环境的影响,以及人的观察力、测量程序等限制,实验观测值和真值之间总是存在一定的差异,在数值上即表现为误差。为了提高实验的精度,缩小实验观测值和真值之间的差值,需要对实验的误差进行分析和讨论。

1.1　误差的基本概念

1.1.1　真值与平均值

虽然真值是一个理想的概念,一般是不能观测到的,但对某一物理量经过无限多次的测量,出现的误差有正也有负,而正负误差出现的概率是相同的。因此,倘若在不存在系统误差的情况下,它们的平均值相当于接近这一物理量的真值,所以在实验科学中定义:无限多次的观测值的平均值为真值。由于实验工作中观测的次数总是有限的,由此得出的平均值只能近似于真值,故称这个平均值为最佳值。

化工上常用的平均值有四种。

1. 算术平均值

$$x_{m} = \frac{x_1 + x_2 + \cdots + x_n}{n} = \frac{\sum_{i=1}^{n} x_i}{n} \qquad (1-1)$$

其中,x_i 为观测值,$i = 1, 2, \cdots, n$;n 为观测次数。

2. 均方根平均值

$$x_{m} = \sqrt{\frac{x_1^2 + x_2^2 + \cdots + x_n^2}{n}} = \sqrt{\frac{\sum_{i=1}^{n} x_i^2}{n}} \qquad (1-2)$$

3. 几何平均值

$$x_{m} = \sqrt[n]{x_1 x_2 \cdots x_n} = \sqrt[n]{\prod_{i=1}^{n} x_i} \qquad (1-3)$$

4. 对数平均值

$$\Delta x_{m} = \frac{x_1 - x_2}{ln \frac{x_1}{x_2}} \qquad (1-4)$$

对数平均值常用于化学反应、热量和质量传递中。当 $x_1 > x_2$ 且 $x_1/x_2 < 2$ 时,可用算术

平均值代替对数平均值,引起的误差不超过4.4%。

使用不同的方法求取的平均值,并不都是最佳值。平均值计算方法的选择,取决于一组观测值的分布类型。在一般情况下,观测值的分布属于正态类型,即正态分布。这种类型的最佳值是算术平均值。因此选用算术平均值作为最佳值的场合是最为广泛的。

1.1.2　误差表示法和分类

测量误差分为测量点和测量列(集合)的误差。它们有不同的表示形式。

1. 测量点的误差表示

(1)绝对误差

测量集合中某次观测值和其真值 X 的差称绝对误差或误差。实际工作中以最佳值(即平均值)代替真值。

$$d_i = |\, x_i - x_m\,| \qquad (1-5)$$

其中,d_i 为第 i 次测量的误差,x_i 为第 i 次的观测值,x_m 为测量集合的算术平均值。

(2)相对误差

绝对误差与真值之比称相对误差,或近似地以绝对误差与平均值之比表示。

$$d_{xi} = \frac{d_i}{x_m} \times 100\% \qquad (1-6)$$

其中,d_{xi} 为第 i 次测量的相对误差。

(3)引用误差

仪表量程内最大示值误差与满量程示值之比的百分值称引用误差,常用来表示仪表的精度。

2. 测量列(集合)的误差表示

(1)标准误差

标准误差,或称均方根误差,其定义为

$$\sigma = \sqrt{\frac{\sum\limits_{i=1}^{n} |\, x_i - X\,|^2}{n}} \qquad (1-7)$$

标准误差对一组测量中的较大误差或较小误差感觉比较灵敏,是表示精确度的较好方法。

式(1-6)适用于无限次测量的场合,实际测量中测量次数是有限的,所以改写为

$$\sigma = \sqrt{\frac{\sum\limits_{i=1}^{n} d_i^2}{n-1}} \qquad (1-8)$$

标准误差不是一个具体的误差,σ 的大小只说明在一定条件下等精度测量集合所属的每一个观测值对其算术平均值的分散程度。如果 σ 的值小,该测量集合中相应小的误差就占优势,任一次观测值对其算术平均值的分散度就小,测量的可靠性就大,即测量的精度高,反之精度就低。

(2)算数平均误差

算术平均误差是表示误差的较好方法。其定义为

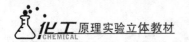

$$\delta = \frac{\sum d_i}{n} \quad i = 1,2,\cdots,n \qquad (1-9)$$

算数平均误差的缺点是不能表示出每次测量间彼此符合的情况。

上述的各种误差表示方法中,不论是比较各种测量的精度或是评定测量结果的质量,均以相对误差和标准误差表示为佳,而文献中标准误差更常被采用。

1.2 产生误差的原因

实验中各个量的测量总是有误差的。因为感官和测量仪表不是绝对的完善,以及实验条件不是绝对的不变,所以任何测量都不会绝对精确。在实验中读数的测量误差可分为三类。

1.2.1 系统误差(恒定误差)

系统误差指在测量或实验过程中未发觉或未确认的因子所引起的误差,而这些因子影响的结果为永远朝一个方向偏移,其大小及符号在同一组实验测量中完全相间,实验条件一经确定,系统误差就获得一个客观上的恒定值,多次测量的平均值也不能减弱它的影响。只有改变实验条件,才能发现系统误差的变化规律。

产生系统误差的原因:仪器不良,如刻度不准、仪表未进行校正或标准表本身存在偏差等;周围环境的改变,如外界温度、压力、风速等;实验人员个人的习惯和偏向,如读数偏高或偏低等所引起的误差。

系统误差是有一定规律的,可通过校正仪表、清理环境的干扰,以及提高实验技巧予以解决,使系统误差消除到最低程度。

1.2.2 随机误差(偶然误差)

在已经消除系统误差的一切测量值的观测中,所测数据仍在末一位或二位数字上有差别,而且它们的绝对值和符号的变化时大时小、时正时负,没有确定的规律,这类误差称随机误差或偶然误差。这类误差产生原因不明,因而无法控制和补偿。但是,倘若对某一量进行足够多次数的等精度测量,就会发现随机误差完全服从统计规律,误差的大小或正负的出现完全由概率决定。因此,随着测量次数的增加,随机误差的算术平均值趋近于零。所以,多次测量结果的算术平均值将更接近于真值。

1.2.3 过失误差(粗大误差)

过失误差是一种显然与事实不符的误差。它主要是由于实验人员粗心大意,如读错数据或操作失误所致。存在过失误差的观测值在实验数据整理时应该剔除。因此,在测量或实验时,只要认真负责是可以避免这类误差的。

尤其要注意的是,上述三中误差之间,在一定条件下可以互相转化。比如,尺子刻度划分有误差,对制造尺子者来说是随机误差;用它测量时,尺子的分度对测量结果形成系统误差。随机误差和系统误差之间并不存在绝对的界限。同样,过失误差有时也难以和随机误差相区别,因而被当作随机误差来处理。

总之,可以这样认为:系统误差和过失误差是可以设法避免的,而随机误差是不可避免的,所以最好的实验结果应该只含有随机误差。

1.3 精密度、正确度和准确度(精确度)

1.3.1 概念

测量的质量和水平,可用误差的概念来描述,也可用准确度等概念来描述。国内外文献所用的名词术语颇不统一,精密度、正确度、准确度这几个术语的使用一向比较混乱。近年来趋于一致的多数意见如下。

1. 精密度

精密度可以衡量某些物理量几次测量之间的一致性,即重复性。它用以反映随机误差的大小,精密度高指随机误差小。如果实验数据的相对误差为0.1%,且误差纯由随机误差引起,一般可认为精密度为2.0×10^{-3}。

2. 正确度

正确度指在规定条件下,测量中所有系统误差的综合。它可以反映系统误差大小的影响程度。正确度高,表示系统误差小。如果实验数据的相对误差为0.1%,且误差纯由系统误差引起,则可认为正确度为2.0×10^{-3}。

3. 准确度(精确度)

准确度指测量值与真值接近的程度,为测量中所有系统误差和随机误差的综合。如果实验数据的相对误差为0.1%,且误差纯由系统误差和随机误差共同引起,则可认为准确度为2.0×10^{-3}。

1.3.2 区别与联系

为说明三者之间的区别,往往用打靶来作比喻。如图1-1所示,(a)的系统误差小而随机误差大,即正确度高而精密度低;(b)的系统误差大而随机误差小,即正确度低而精密度高;(c)的系统误差和随机误差都小,表示准确度(精确度)高。当然,实验测量中没有像靶心那样明确的真值,而是设法去测定这个未知的真值。

对于实验测量来说,精密度高,正确度不一定;正确度高,精密度也不一定高;但准确度(精确度)高,则必然是精密度与正确度都高的结果。

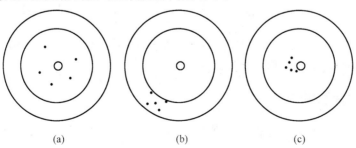

(a)   (b)   (c)

图1-1 精密度、正确度和准确度含义示意图

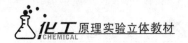

1.4　可疑值的判断与删除

观察测量得到的实验数据,往往会出现某一观测值与其余观测值相差很远的情况。对这类数据的取舍成为一个关键问题。如果保留这一观测值,则对平均值及随机误差都将引起很大影响;但是,随意舍弃这些数据,以获得实验结果的一致性,显然是不恰当的。如果这些数据是由于测量中的过失误差产生的,通常称其为可疑值(或坏值),必须将其删除,以免影响其观测结果的准确度,如读错刻度尺、称量中砝码加减错误等。若这些数据是由随机误差产生的,并不属于坏值,故不能将其删除。绝不能仅仅为了追求实验数据的准确度,而丧失实验结果的科学性。若没有充分理由,只有依据误差理论决定数值的取舍,才是正确的。常用的判别准则有以下几个。

1.4.1　拉依达准则

拉依达准则又称 3σ 准则,基于正态分布,最大误差范围取为 3σ ,进行可疑值的判断。凡超过这个限度的误差,就认定其不属于随机误差的范围,是过失误差,可以删除。

设有一组等精度测量值 $x_i(i=1,2,\cdots,n)$,其子样平均值为 x_m ,残差(测量值与平均值之差)为 d_i ,用残差表示的标准误差为 σ_{n-1} ,若某一个测量值 $x_i(1\leqslant i\leqslant n)$ 的残差 d_i 满足

$$|d_i| > 3\sigma_{n-1} \tag{1-10}$$

则认为 d_i 为过失误差, x_i 为含有过失误差的坏值,应被删除。

对于服从正态分布的误差,其误差界于 $[-3\sigma, +3\sigma]$ 的概率为

$$\int_{-3\sigma}^{+3\sigma} f(\delta)\,\mathrm{d}\delta = 0.9973 \tag{1-11}$$

由于误差超过 $[-3\sigma, +3\sigma]$ 的概率为 $1-0.9973=0.27\%$,这是一个很小的概率(超过 $\pm 3\sigma$ 的误差一定不属于偶然误差,为系统误差或过失误差),根据实际判断的原理,小概率事件在一次实验中可看成不可能事件,所以误差超过 $[-3\sigma, +3\sigma]$ 实际上是不可能的。

这种方法最大的优点是计算简单,而且无须查表,应用十分方便。但若实验点数较少时,很难将坏点删除,如当 $n=10$ 时有

$$\sigma_{n-1} = \sqrt{\frac{\sum\limits_{i=1}^{10} d_i^2}{10-1}} = \frac{1}{3}\sqrt{\sum\limits_{i=1}^{10} d_i^2}$$

$$3\sigma_{n-1} = \frac{1}{3}\sqrt{\sum\limits_{i=1}^{10} d_i^2} \geqslant |d_i|$$

由此可知,当 $n\leqslant 10$ 时,任一测量值引起的偏差 d_i 都能满足 $|d_i| < 3\sigma_{n-1}$,而不可能出现大于 $3\sigma_{n-1}$ 的情况,便无法将其中的坏值剔除。

1.4.2　肖维勒准则

肖维勒准则认为在 n 次测量中,坏值出现的次数为 $1/2$ 次,即出现的频率为 $1/2n$,对于正态分布,按概率积分可得

$$\frac{1}{\sqrt{2\pi}} \int_{-w_n}^{w_n} e^{\frac{-x^2}{2}} dx = 1 - \frac{1}{2n} = \frac{2n-1}{2n} \qquad (1-12)$$

由不同的 n 值,可查表 1-1 求出相应的 ω_n 值。

表 1-1　肖维勒判据

n	ω_n	n	ω_n	n	ω_n
3	1.38	13	2.07	23	2.30
4	1.53	14	2.10	24	2.31
5	1.65	15	2.13	25	2.33
6	1.73	16	2.15	30	2.39
7	1.80	17	2.17	40	2.49
8	1.86	18	2.20	50	2.58
9	1.92	19	2.22	75	2.71
10	1.96	20	2.24	100	2.81
11	2.00	21	2.26	200	3.02
12	2.03	22	2.28	500	3.20

对于一组等精度测量值 $x_i (i=1,2,\cdots,n)$,其子样平均值为 x_m,残差(测量值与平均值之差)为 d_i,用残差表示的标准误差为 σ_{n-1},若某一个测量值 $x_i (1 \leqslant i \leqslant n)$ 的残差 d_i 满足

$$|d_i| > \omega_n \sigma_{n-1} \qquad (1-13)$$

则认为 d_i 为过失误差,x_i 为含有过失误差的坏值,应被删除。

这种方法是一种经验方法,其统计学的理论依据并不完整,特别是当 $n \to \infty$ 时,$\omega \to \infty$,这样所有的坏值都不能被剔除。

1.4.3　格拉布斯准则

格拉布斯准则与肖维勒准则有相似之处,不过格拉布斯准则中的置信系数是通过显著性水平 α 与测量次数 n 共同确定的。显著性水平是指测量值的残差 d_i 超出置信区间的可能性,在绝大多数场合,一般将显著性水平 α 取为 0.01,0.025 或 0.05。

对于一组等精度测量值 $x_i (i=1,2,\cdots,n)$,其子样平均值为 x_m,残差(测量值与平均值之差)为 d_i,用残差表示的标准误差为 σ_{n-1},且将 x_i 由小到大排列,$x_1 \leqslant x_2 \leqslant \cdots \leqslant x_n$。

格拉布斯给出了 $g_1 = \dfrac{x_m - x_1}{\sigma_{n-1}}$ 和 $g_n = \dfrac{x_n - x_m}{\sigma_{n-1}}$ 的分布,当选定了显著性水平 α,根据实验次数 n,可由表 1-2 查得相应的临界值 $g_0(n,\alpha)$,有如下关系,即

$$P\left[\frac{x_m - x_1}{\sigma_{n-1}} \geqslant g_0(n,\alpha)\right] = \alpha \qquad (1-14)$$

或

$$P\left[\frac{x_1 - x_m}{\sigma_{n-1}} \geqslant g_0(n,\alpha)\right] = \alpha \qquad (1-15)$$

若有

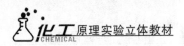

$$g_i \geq g_0(n,\alpha) \qquad\qquad (1-16)$$

则认为该测得值含有过失误差,应予以剔除。

表 1-2 概率积分值

n	显著性水平 α			n	显著性水平 α		
	0.05	0.025	0.01		0.05	0.025	0.01
3	1.15	1.16	1.16	17	2.48	2.62	2.78
4	1.46	1.49	1.49	18	2.50	2.65	2.82
5	1.67	1.71	1.75	19	2.53	2.68	2.85
6	1.82	1.89	1.94	20	2.56	2.71	2.88
7	1.94	2.02	2.10	21	2.58	2.73	2.91
8	2.03	2.13	2.22	22	2.60	2.76	2.94
9	2.11	2.21	2.32	23	2.62	2.78	2.96
10	2.18	2.29	2.41	24	2.64	2.80	2.99
11	2.23	2.36	2.48	25	2.66	2.82	3.01
12	2.28	2.41	2.55	30	2.74	2.91	3.10
13	2.33	2.46	2.61	35	2.81	2.98	3.18
14	2.37	2.51	2.66	40	2.87	3.04	3.24
15	2.41	2.55	2.70	50	2.96	3.13	3.34
16	2.44	2.59	2.75	100	3.17	3.38	3.59

【例 1-1】对某量进行 15 次等精度测置,测得的结果如表 1-3 所示,试判断该测量中是否含有过失误差。

表 1-3 精度测量结果

序号	数据				
	x	d	d^2	d'	d'^2
1	18.21	0.004	0.000 016	-0.004	0.000 016
2	18.20	-0.006	0.000 036	-0.014	0.000 196
3	18.24	0.034	0.001 156	0.026	0.000 676
4	18.22	0.014	0.000 196	0.006	0.000 036
5	18.18	-0.026	0.000 676	-0.034	0.001 156
6	18.21	0.004	0.000 016	-0.004	0.000 016

表 1 - 3（续）

序号	数据				
	x	d	d^2	d'	d'^2
7	18.23	0.024	0.000 576	0.016	0.000 256
8	18.19	−0.016	0.000 256	−0.024	0.000 576
9	18.22	0.014	0.000 196	0.006	0.000 036
10	18.10	−0.106	0.011 236	—	—
11	18.20	−0.006	0.000 036	−0.014	0.000 196
12	18.23	0.024	0.000 576	0.016	0.000 256
13	18.24	0.034	0.001 156	0.026	0.000 676
14	18.22	0.014	0.000 196	0.006	0.000 036
15	18.20	−0.006	0.000 036	−0.014	0.000 196

解 由于三种判别准则中,都需要计算算数平均值 x_m 和标准误差 σ,则由表 1 - 3 可知

$$x_m = \frac{\sum_{i=1}^{15} x_i}{15} = 18.206$$

$$\sigma = \sqrt{\frac{\sum_{i=1}^{n} d_i^2}{n-1}} = \sqrt{\frac{0.016\ 360}{15-1}} = 0.034$$

（1）用拉依达准则判断

$$3\sigma = 3 \times 0.034 = 0.102$$

根据拉依达准则,第 10 个测量点的残余误差为

$$|d_{10}| = 0.106 > 0.102$$

即此测量值含有过失误差,故将此测量值剔除,再根据剩下的 14 个测量值重新计得

$$x'_m = \frac{\sum_{i=1}^{14} x_i}{14} = 18.214$$

$$\sigma' = \sqrt{\frac{\sum_{i=1}^{n} d_i'^2}{n-1}} = \sqrt{\frac{0.004\ 324}{14-1}} = 0.018$$

则

$$3\sigma = 3 \times 0.018 = 0.054$$

因此,表 1 - 3 中剩下的 14 个测量值的残余误差均满足要求,不含有过失误差。

（2）用肖维勒准则判断

查表 1 - 1 可知,当 $n = 15$, $\omega_{15} = 2.13$ 时,有

$$\omega_{15}\sigma = 2.13 \times 0.034 = 0.072$$

根据肖维勒准则,第 10 个测量点的残余误差为

$$| d_{10} | = 0.106 > 0.102$$

即此测量值还有过失误差,故将此值剔除,再根据剩下的 14 个测量值重新计算,得

$$x'_m = \frac{\sum\limits_{i=1}^{14} x_i}{14} = 18.214$$

$$\sigma' = \sqrt{\frac{\sum\limits_{i=1}^{n} d_i'^2}{n-1}} = \sqrt{\frac{0.004\ 324}{14-1}} = 0.018$$

查表 1 - 1 可知,当 $n = 14$,$\omega_{14} = 2.10$ 时,有

$$\omega_{14}\sigma' = 2.10 \times 0.018 = 0.038$$

因此,表 1 - 3 中剩下的 14 个测量值的残余误差均满足要求,不含有过失误差。

(3)用格拉布斯准则判断

将测量值由小到大排列得

$$x_1 = 18.10, x_2 = 18.18, \cdots, x_n = 18.24$$

对于两端点值可求得

$$g_1 = \frac{x_m - x_1}{\sigma_{n-1}} = \frac{18.206 - 18.10}{0.034} = 3.12$$

$$g_n = \frac{x_n - x_m}{\sigma_{n-1}} = \frac{18.24 - 18.206}{0.034} = 1.00$$

查表 1 - 2 可知,取 $\alpha = 0.05$,当 $n = 15$ 时,有

$$g_0(15, 0.05) = 2.41$$

因此

$$g_1 = 3.12 > 2.41$$

根据格拉布斯准则,第 10 个测量点含有过失误差,故将此值剔除,再根据剩下的 14 个测量值重新计算,得

$$x'_m = \frac{\sum\limits_{i=1}^{14} x_i}{14} = 18.214$$

$$\sigma' = \sqrt{\frac{\sum\limits_{i=1}^{n} d_i'^2}{n-1}} = \sqrt{\frac{0.004\ 324}{14-1}} = 0.018$$

对于两端点值可求得:

$$g'_1 = \frac{x'_m - x_2}{\sigma'_{n-1}} = \frac{18.214 - 18.18}{0.018} = 1.89$$

$$g'_n = \frac{x_n - x'_m}{\sigma'_{n-1}} = \frac{18.24 - 18.214}{0.018} = 1.44$$

查表 1 - 2 可知,取 $\alpha = 0.05$,当 $n = 14$ 时,

$$g_0(14, 0.05) = 2.37$$

因此,剩下的 14 个测量值的残余误差均满足要求,不含有过失误差。

由此题可知,拉依达准则的应用最为简单,但在小子样数的实验中,容易产生较大的偏差。肖维勒准则明显改善了拉依达准则,当 n 变小时,ω_n 也减小,一直保持可剔除

坏点的概率。虽然,从理论上看,此法对大子样数实验很难有效地剔除坏点,但由表 1-1可知$\omega_{500}=3.20$,对于工程实验,这个数值一般情况下是可以满足要求的,所以此方法应用比较广泛。

　　但是,肖维勒准则还有一个缺点,就是置信概率参差不齐,即n不相同时,置信水平不同。在某些情况下,人们希望在固定的置信水平下讨论问题,此时,应用格拉布斯准则更为适宜。

第2章 实验数据的处理

在整个实验过程中,实验数据处理是一个重要的环节。它的目的是将实验中获得的大量数据整理成各变量之间的定量关系。数据处理的思想贯穿于整个实验过程,在设计实验方案时,除了实验流程安排、装置设计和仪表选择外,实验数据处理方法的选择也是一项重要的工作。它直接影响实验结果的质量和实验工作量的大小。因此,应该充分重视其在实验过程中的作用。

2.1 数据的计算

由于计算机的普遍应用,实验数据的计算处理完全可以编制程序由机器完成,但在编程之前,必须掌握手算方法,以便检查计算程序是否正确。在没有条件使用计算机时,仍要进行手算。故在此将实验数据计算的技巧和要求进行说明。

2.1.1 合并法

按实验目的要求,对实验数据进行整理和计算时,由于实验数据较多,为了避免重复计算、减少计算错误,可将计算式中可合并的常数加以合并,然后再逐一计算。

例如 Re 的计算:

$$Re = \frac{du\rho}{\mu}$$

式中,管径 d、流体密度 ρ 和黏度 μ 对同一物料同一设备在恒温下进行实验时均为恒定值,可合并为常数 $A = \dfrac{d\rho}{\mu}$,故有

$$Re = Au$$

A 值确定后,改变 u,便可算出 Re。

2.1.2 举例法

计算时应写出一组数据的完整计算过程,以便检查在计算方法和数字计算上有无错误。计算完一组数据后,就应该判断结果是否正确合理。例如,根据已有的专业知识,孔板流量计的孔流系数为 $0.6 \sim 0.8$,如果计算结果为 0.035 或其他离奇数字,那肯定是错了。如果是计算错误,及时纠正过来可以避免一错到底,如果是实验原因可以重新实验测定。

2.1.3 有效数字

1. 有效数字的概念

实验数据或根据直接测量值的计算结果,总是以一定位数的数字来表示。但是,究竟选取几位数才是有效的呢?这要由测量仪表的精度来决定,一般应记录到仪表最小刻度的

十分之一位。例如,某液面计标尺的最小分度为 1 mm,则读数可以到 0.1 mm。如在测定时液位高在刻度 524 mm 与 525 mm 之间,则应记液面高度为 524.5 mm,其中前三位是直接读出的,是准确的,最后一位是估计的,是欠准的或可疑的,称该数据为 4 位有效数字。如液位恰在 524 mm 刻度上,则数据应记作 524.0 mm,若记为 524 mm 则失去了一位精密度。总之,有效数字中应有而且只能有一位(末位)欠准数字。

2. 有效数字与误差的关系

由上述可见,液位高度 524.4 mm 中,最大误差为 ±0.5 mm,也就是说误差为末位的一半。

3. 有效数字的运算规则

如果是非直接测量数据,即必须通过中间运算才能得到结果的数据,可按照有效数字的运算规则进行处理。

(1)有效数字修约:在数字计算过程中,确定有效数字的位数,舍去其余数位的最基本方法是将末位有效数字后边的第一位数字采用四舍五入的计算规则。若在一些精度较高的场合,则采用四舍六入五留双的方法:

①末位有效数字后的第一位数字若小于 5,则舍去;

②末位有效数字后的第一位数字若大于 5,则将末位的有效数字加上 1;

③末位有效数字后的第一位数字若等于 5,则由末位有效数字的奇偶而定,当其为偶数或 0 时,不变;当其为奇数时,则加上 1(变为偶数或 0)。

如对下面几个数保留三位有效数字,则 25.44 变成 25.4,25.45 变成 25.4,25.47 变成 25.5,25.55 变成 25.6。

(2)加法运算:在各数中,以小数位数最少的数为准,其余各数均凑成比该数多一位。

【例 2 - 1】 $60.4 + 2.02 + 0.222 + 0.0467$。

解 $60.4 + 2.02 + 0.22 + 0.05 = 62.69$。

(3)减法运算:当相减的数差得较远时,有效数字的处理与加法相同。但如果相减的数非常接近,这样相减则可能失去若干有效数字。因此,除了保留应该保留的有效数字外,应对记数方法或测量方法加以改进,使之不出现两个相接近的数相减的情况。

(4)乘除法运算:在各数中,以有效数字位数最少的数为准,其余各数及积(或商)均凑成比该数多一位。

【例 2 - 2】 $603.21 \times 0.32 \div 4.011$。

解 $603 \times 0.32 \div 4.01 = 48.1$。

(5)计算平均值:若为 4 个或超过 4 个数相平均,则平均值的有效位数可增加一位。

(6)乘方及开方运算:运算结果比原数据多保留一位有效数字。

【例 2 - 3】 $25^2 = 625$;$\sqrt{4.8} = 2.19$。

(7)对数运算:取对数前后的有效数字位数应相等。

【例 2 - 4】 $\lg 2.345 = 0.3701$;$\lg 2.3456 = 0.37025$。

(8)在 4 个数以上的平均值计算中,平均值的有效数字位数可比各数据中最小有效位数多一位。

(9)所有取自手册上的数据,其有效数字位数按计算需要选取;原始数据如有限制,则应服从原始数据。

（10）一般在工程计算中取三位有效数字已足够精确。科学研究仪器的研究精度，可以取到四位有效数字。

4."0"在有效数字中的作用

测量的精度是通过有效数字的位数表示的，有效数字的位数应是除定位用的"0"以外的其余数位，但用来指示小数点位数或定位的"0"则不是有效数字。

对于"0"，必须注意，50 g 不一定是 50.00 g，它们的有效数字位数不同，前者为 2 位，后者为 4 位，而 0.050 g 虽然为 4 位数字，但有效数字仅为 2 位。

5.科学计数法

在科学与工程中，为了清楚地表达有效数字或数据的精度，通常将有效数写出并在第 1 位数后加小数点，而数值的数量级由 10 的整数幂来确定，这种以 10 的整数幂来记数的方法称科学记数法。例如，0.008 6 应记为 8.6×10^{-3}，86 000（有效数字 3 位）应记为8.60×10^4。应注意，科学记数法中，在 10 的整数幂之前的数字应全部为有效数。

2.2　实验数据的列表表示法

实验数据的初步整理是列表将实验数据制成表格，它显示了各变量之间的对应关系，反映出变量之间的变化规律，它是标绘曲线图或整理成数学公式的基础。

实验数据表可分为原始记录表、中间运算表和最终结果表。

原始记录表是根据实验内容设计的，必须在实验前设计好，可以清楚地记录所有待测数据。例如，流体流动阻力实验原始记录表格式如表 2 - 1 所示。

表 2 -1　流体流动阻力实验原始记录表

序号	流量计读数	流量/(m³/s)	光滑管阻力/cm		粗糙管阻力/cm		局部阻力/cm	
			左	右	左	右	左	右
1								
2								
3								
...								

在实验过程中，每完成一组实验数据的测试，必须及时地将有关数据记录入表内，当实验完成时即得到一张完整的原始记录表。

运算表有助于进行运算，不易混淆。例如，流体流动阻力实验的运算表格格式如表2 - 2所示。

表2-2 流体流动阻力实验运算表

序号	流量/(m³/s)	流速/(m/s)	Re/($\times 10^{-4}$)	沿程阻力/m	摩擦因数 λ/($\times 10^2$)	局部阻力/m	阻力系数/ξ
1							
2							
…							

实验最终结果只表达主要变量之间的关系和实验的结论。例如,流体流动阻力实验最终结果表格式如表2-3所示。

表2-3 流体流动阻力实验最终结果表

序号	粗糙管		光滑管		局部阻力	
	Re/($\times 10^{-4}$)	λ/($\times 10^2$)	Re/($\times 10^{-4}$)	λ/($\times 10^2$)	Re/($\times 10^{-4}$)	ξ
1						
2						
3						
…						

2.3 实验数据的图形表示法

实验曲线的标绘是实验数据整理的第二步,将整理得到的实验结果标绘成描述因变量和自变量的依从关系的曲线图。利用图形表示可以明显地看出函数变化的规律和趋势,有利于分析讨论问题。利用图形表示还可以帮助选择经验式的函数形式或求出经验式的常数。所以,正确标绘实验结果是很重要的。在数据标绘时应注意以下几点。

2.3.1 坐标纸的选择

处理化工实验数据常用的坐标纸有直角坐标纸、单对数坐标纸和双对数坐标纸。在使用时应根据实验数据之间的关系和特点,选定其中一种。

1. 根据数据间的函数关系和图形选坐标纸

例如,符合线性方程 $y = b + mx$ 关系的数据,选直角坐标纸,标绘可获得一条直线。符合 $y = ax^n$ 关系的数据,若选普通直角坐标纸标绘得到的是一条曲线,若选取双对数坐标纸标绘,就会获得一条直线。由于直线的使用和处理都比较方便,所以总希望所选用的坐标纸能使数据标绘后得到直线形式。

2. 根据数据变化的大小选择坐标纸

实验数据两个量,如果数据级变化很大,一般选用双对数坐标纸来表示;如果其中一个量的数值变化很大,而另一个变化不大,一般使用单对数坐标纸表示。例如,管内流体摩擦因数 λ 与 Re 的关系,由于 Re 在 $10^2 \sim 10^8$ 范围变化,λ 在 $0.008 \sim 0.1$ 范围变化,两个量的数量级变化都很大,所以用双对数坐标纸表示。又如,流量计实验,测得孔流系数 Co 在 $0.6 \sim 0.8$ 范围变化,Re 数在 $10^3 \sim 10^6$ 范围变化,Co 数量级变化不大,Re 数量级变化较大,所以选用单对数坐标表示比较合适。

2.3.2　坐标纸的使用

(1)标绘实验数据,应选适当大小的坐标纸,使其能充分表示实验数据大小和范围。

(2)依使用习惯,自变量取横轴,因变量取纵轴,注明各轴代表的物理量和单位。

(3)根据标绘数据的大小,对坐标轴进行分度。所谓坐标轴分度就是选择坐标每刻度代表的数值大小。一般分度原则是坐标轴的最小刻度能表示出实验数据的有效数字。分度以后,在主要刻度线上应标出便于阅读的数字。

(4)坐标原点的选取。对普通直角坐标系,坐标原点不一定从零开始,可以从想要表示的数据中选取最小数据,原点移到适当位置。而对数坐标系,坐标轴刻度是按 $1,2,10$ 的对数值大小划分的,每刻度仍标记真数值。当用坐标表示不同大小的数据时,可以将各值乘以 10^n 倍(n 取正、负整数)。所以,其分度要遵循对数坐标规律,不能任意划分。因此,对数坐标轴的原点只能取对数坐标轴上的值,而不能任意确定。

(5)坐标轴的比例关系。坐标轴的比例关系是指横轴和纵轴每刻度表示的毫米数的比例关系。一般来说,如果比例选择不当,可使图形失真。对同一套数据,若以不同的比例尺则可得到不同形状的曲线。正确选用坐标轴比例关系,有助于判断两个量之间的函数关系。例如,标绘层流摩擦系数关系式 $\lambda = 64/Re$,以 λ 对 Re 作图,在等比轴双对数坐标纸上,是一条斜率 $-45°$ 的直线,容易看出 λ 与 Re 指数关系为负一次方。若用不等比轴双对数坐标纸标绘,亦绘得一条直线,但斜率不一定为 $-45°$,不易看出 λ 与 Re 的函数关系。一般市面出售的都是等比轴的对数坐标纸,不等比轴的坐标纸在教材上有时可以遇到。

(6)对数坐标的特点是某点与原点的距离为该点表示量的对数值,但是该点标出的量是其本身的数值,即真数。例如,对数坐标上标着 4 的一点至原点的距离是 $\lg 4 = 0.6$,如图 $2-1$ 所示。

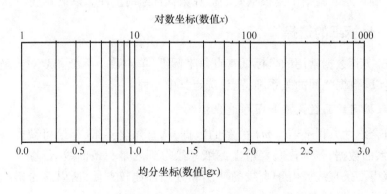

图 2 − 1　对数坐标的标度法

图 $2-1$ 中,上面一条线为 x 的对数刻度,而下面一条线为 $\lg x$ 的线性(均匀)刻度。对数坐标上,1,10,100,1 000 之间的实际距离是相同的,因为上述各数相应的对数值为 0,1, 2,3,这在线性(均分)坐标上的距离相同。在对数坐标上的距离(用均匀刻度的尺来量)表示两数值之对数差,即 $\lg x_1 - \lg x_2$。在对数坐标纸上,一直线的斜率应为

$$\lg \alpha = \frac{\lg y_2 - \lg y_1}{\lg x_2 - \lg x_1}$$

或者,直接用尺子在坐标纸上量取线段长度求得,如图 2-2 所示的直线,其斜率为

$$\lg \alpha = \frac{\Delta h}{\Delta l}$$

式中 Δh 与 Δl 的数值,即为用尺子测量而得到的线段长度。

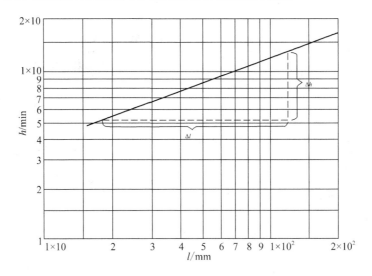

图 2-2　双对数坐标图

2.3.3　标绘数据和描述

将实验结果依自变量和因变量关系逐点描绘在坐标纸上,在同一张图有不同组数据点时,应使用不同符号加以区别,如叉号、方块、三角等。画出点以后,根据点的分布绘出一条光滑的直线或曲线,该图线应该通过或者接近多数实验点,个别离图线太远的点应加以删除。作图应该仔细,避免徒手勾画。

2.4　实验数据的方程表示法

为了便于应用,对于实验结果,人们常常用数学方程来描述该过程的各个参数和变量之间的关系,即所谓建立"数学模型"。根据实验结果整理出来的方程称经验公式或半经验公式。

当对研究对象的本质有较深入的了解,可以写出物理量间的待定关系,仅需要由实验决定公式的常数,则称这种公式为半经验公式。例如,流体在圆形管内做强制湍流的对流传热膜系数计算式:

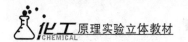
$$Nu = BRe^m Pr^n = 0.023Re^{0.8} Pr^n$$

就是由因次分析或相似理论得到的准数方程,再通过实验确定常数(B,m,n)的半经验公式。

当对所研究对象的规律暂时尚不清楚时,往往是把实验中得到的数据绘制成曲线,与已知函数关系式的典型曲线对照,求得公式。这样得到的公式为经验公式。如果实验得到的图线是一根直线,则可选用直线方程 $y = b + mx$ 表示。当所得到的实验图线不是一根直线的时候,通常根据图线形状与某已知函数的图形相比,选择确定公式的形式。如果实验得到的图线形状与这些图形相似,则可以用实验数据确定式中的常数,将实验变量用这些函数表示。常见函数的典型图形及线性化方法如表 2−4 所示。

表 2−4 化工实验中常见的曲线与函数式之间的关系

序号	图形	函数及线性化方法
1	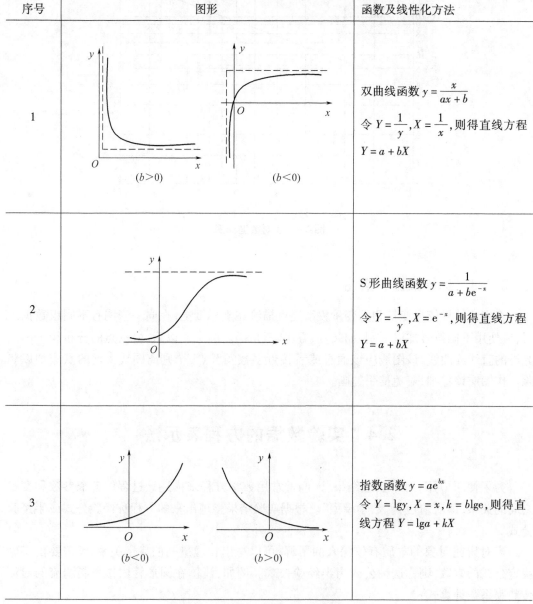	双曲线函数 $y = \dfrac{x}{ax + b}$ 令 $Y = \dfrac{1}{y}, X = \dfrac{1}{x}$,则得直线方程 $Y = a + bX$
2		S 形曲线函数 $y = \dfrac{1}{a + be^{-x}}$ 令 $Y = \dfrac{1}{y}, X = e^{-x}$,则得直线方程 $Y = a + bX$
3		指数函数 $y = ae^{bx}$ 令 $Y = \lg y, X = x, k = b\lg e$,则得直线方程 $Y = \lg a + kX$

表 2 −4(续)

序号	图形	函数及线性化方法
4	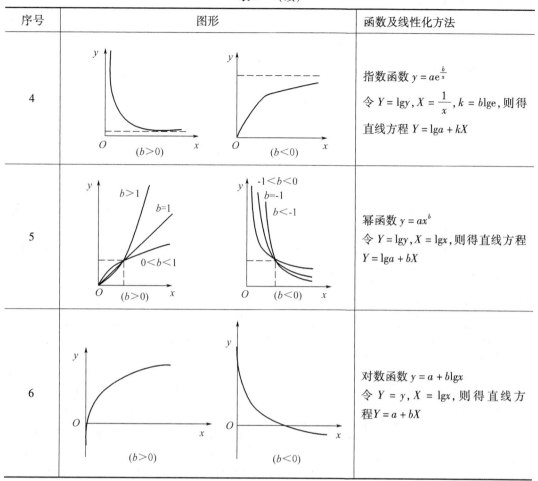	指数函数 $y = ae^{\frac{b}{x}}$ 令 $Y = \lg y$，$X = \dfrac{1}{x}$，$k = b\lg e$，则得 直线方程 $Y = \lg a + kX$
5		幂函数 $y = ax^b$ 令 $Y = \lg y$，$X = \lg x$，则得直线方程 $Y = \lg a + bX$
6		对数函数 $y = a + b\lg x$ 令 $Y = y$，$X = \lg x$，则得直线方 程$Y = a + bX$

对复杂的实验图线,可以用多项式表示,即

$$y = a + ax + ax^2 + \cdots + ax^n$$

或

$$y = a + a/x + a/x^2 + \cdots + a/x^n$$

一般情况下,不管曲线多么复杂,总可选择一个适当项的多项式描述该图线,或者将曲线分段用多项式描述。

经验公式和半经验公式中的待定常数,如以上各式中的 B,m,n,a,b,e 和 $a_0,a_1,a_2,\cdots,a_n$ 等,如果这些常数被求出,则这些公式即被确定。经验公式中常数的求解方法,主要是根据计算简便与准确的原则选择。最常用的方法有直线图解法和最小二乘法,下面介绍这两种方法的应用。

2.4.1 直线图解法

直线图解法是最常用而且是比较简单的方法,准确度较好。凡实验数据呈直线关系或经验式为直线方程,以及经过适当处理可变成为直线方程的,都可以使用这种方法。

1. 直线方程的图解

凡属于直角坐标系上可直接标绘出一条直线的,可用此法求得直线方程的常数。设直线方程为 $y = b + mx$,由直线的斜率和截距确定方程的常数 b 和 m。

直线的斜率为

$$m = \frac{y_2 - y_1}{x_2 - x_1}$$

直线的截距,若 x 轴零为坐标原点,可以在 y 轴上直接读取 b 值。否则,由下式计算,即

$$b = \frac{y_1 x_2 - y_2 x_1}{x_2 - x_1}$$

式中 (x_1, y_1),(x_2, y_2) 是从直线上选取的任意两点值。为了获得最大准确度,尽可能选取直线上具有整数值的点。为了减少读数时误差,也可多取几组数据计算,最后取平均结果。下面以过滤实验为例,说明直线图解法的应用。

【例 2 - 5】恒定压力下,对某种滤浆进行过滤,实验测定得到表 2 - 5 中所列数据,试求过滤常数 K 和单位过滤面积上的虚拟滤液体积 q_e。

表 2 - 5　实验数据

序号	$q/(\mathrm{m^3/m^2})$	θ/s	Δq	$\Delta\theta$	$\Delta q/\Delta\theta$	$\bar{q}$
1	$q_1 = 0$	$\theta_1 = 0$				
2	$q_2 = 0.1$	$\theta_2 = 38.2$	$\Delta q_1 = 0.1$	$\Delta\theta_1 = 38.2$	$\Delta q_1/\Delta\theta_1 = 382$	$(q_1 + q_2)/2 = 0.05$
3	$q_3 = 0.2$	$\theta_3 = 114.4$	$\Delta q_2 = 0.1$	$\Delta\theta_2 = 76.2$	$\Delta q_2/\Delta\theta_2 = 762$	$(q_2 + q_3)/2 = 0.15$
4	$q_4 = 0.3$	$\theta_4 = 228.0$	$\Delta q_3 = 0.1$	$\Delta\theta_3 = 113.6$	$\Delta q_3/\Delta\theta_3 = 1\ 136$	$(q_3 + q_4)/2 = 0.25$
5	$q_5 = 0.4$	$\theta_5 = 379.4$	$\Delta q_4 = 0.1$	$\Delta\theta_4 = 151.4$	$\Delta q_4/\Delta\theta_4 = 1\ 514$	$(q_4 + q_5)/2 = 0.35$

解　由恒压过滤方程

$$q^2 + 2qq_e = K\theta \tag{2-1}$$

对上式微分,得

$$2(q + q_e)\mathrm{d}q = K\mathrm{d}\theta$$

即

$$\frac{\mathrm{d}\theta}{\mathrm{d}q} = \frac{2}{K}q + \frac{2}{K}q_e \tag{2-2}$$

将上式左侧的微分用增量代替,式中的滤液体积 q 也取两次过滤体积的算术平均值,记为 $\bar{q}$,则方程为

$$\frac{\Delta\theta}{\Delta q} = \frac{2}{K}\bar{q} + \frac{2}{K}q_e \tag{2-3}$$

式(2-3)与直线方程 $y = mx + b$ 形式完全一致,在直角坐标纸上,以 $\Delta q/\Delta\theta$ 为纵坐标,以 $\bar{q}$ 为横坐标进行标绘,可得一条直线,如图 2-3 所示,由直线的斜率和截距可以求得过滤常数。

直线的斜率:

$$m = 2/K = (1\ 375 - 268)/(0.3 - 0) = 3\ 890 \text{ s/m}^2$$

故得 $K = 5.14 \times 10^{-4}$ m²/s。

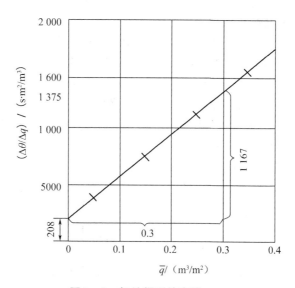

图 2 - 3　标绘得到的直线

直线的截距,可由图上直接读得,即

$$b = 2q_e/K = 208$$

故

$$q_e = bK/2 = 208 \times 5.14 \times 10^{-4}/2 = 5.34 \times 10^{-2} \ \text{m}^3/\text{m}^2$$

2. 可变为直线方程函数的图解

当两个变量之间不是直线关系而是某种曲线关系时,如有可能经过适当的变换后能标绘成直线时,也可用图解法求出原函数的常数值。

例如幂函数 $y = ax^n$。取对数变化为直线方程:

$$\lg y = \lg a + n\lg x$$

或

$$Y = A + nX$$

式中,$Y = \lg y$,$A = \lg a$,$X = \lg x$。

在普通直角坐标纸上,以 Y 对 X 作图,可得一条直线;若用双对数坐标纸,直接用 y 对 x 作图,也可得一条直线,根据直线的斜率和截距可求取原函数的两个常数 a 和 n。直线斜率为

$$n = \frac{\lg y_2 - \lg y_1}{\lg x_2 - \lg x_1}$$

直线的截距,若对数坐标原点在 $x = 1$ 处,由 y 轴直接读 a 值(因为 $x = 1$,$\lg 1 = 0$)。一般是从图上取一点的坐标值 (x, y),根据已确定的 n,代入原函数求 a,即

$$a = \frac{y}{x^n}$$

以上计算 n,a 时,都是取直线上的任意点,而不是实验点,因为实验值不一定在直线上。

3. 三元函数的图解

实验中还常遇到三个变量的函数,如传热中圆形直管内传热系数经验式:

$$Nu = BRe^m Pr^n$$

式中有变量 Nu 和两个自变量 Re 和 Pr,对这种函数,用实验结合作图求出公式中的常

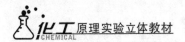

数 B 和指数 m, n。将上式取对数变为

$$\lg Nu = \lg B + m \lg Re + n \lg Pr$$

实验时,先固定一个准数,例如 Re 数,使其为常数,这样就变为两个变量的函数,即

$$\lg Nu = (\lg B + m \lg Re) + n \lg Pr$$

薛伍德固定 $Re = 10^4$,用 7 种不同流体实验,在双对数坐标上标绘 Nu 和 Pr 之间的关系如图 2 − 4 所示。实验表明,不同 Pr 数的实验结果,基本上是一条直线,用这条直线决定 Pr 准数的指数 n,指数 n 即为图 2 − 4 中直线的斜率:

$$n = (\lg 200 - \lg 40)/(\lg 62 - \lg 1.15) = 0.4$$

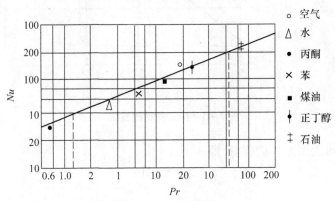

图 2 − 4　$Re = 10^4$ 的 Nu 与 Pr 关系图

然后再以 $\lg(Nu/Pr^{0.4})$ 为纵坐标,以 Re 为横坐标,用不同 Pr 的流体在不同 Re 下的实验数据,得到如图 2 − 5 所示的结果,并可用下列方程式,即

$$\lg \frac{Nu}{Pr^{0.4}} = m \lg Re + \lg B$$

式中,m 就是该直线的斜率,$\lg B$ 是直线在纵坐标上的截距。这样,经验公式中的所有待定常数 B, m 和 n,就都被确定了。

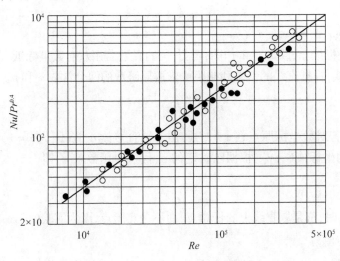

图 2 − 5　$Nu/Pr^{0.4}$ 与 Re 关系图

2.4.2 回归分析法

化工实验中,由于存在实验误差和某些不确定因素的干扰,所得数据往往不能用一根光滑曲线或直线来表示,即实验点随机地分布在一直线或曲线附近,如图 2-6 所示。要找出这些实验数据中所包含的规律性即变量之间的定量关系式,而使之尽可能符合实验数据,可用回归分析这一数理统计的方法。

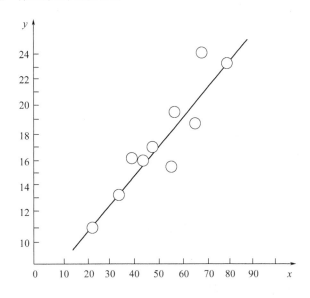

图 2-6 y 与 x 的相关关系

回归分析的数学方法是最小二乘法。利用最小二乘法求经验方程的常数,首先必须给出经验方程的形式,然后按最小二乘原则处理,最后得到这些常数的最佳估计值。用最小二乘法处理实验数据,有两条基本假定:

(1)实验的自变量为给定值,不带有实验误差,或误差很小可以忽略不计,因变量各值带有一定的实验误差;

(2)回归或拟合的最好直线或曲线,与实验点的残差(偏差)取平方和为最小。

这两条基本假定可以应用于各种形式方程的回归。

1.一元线性回归(直线拟合)

一元线性方程的形式为

$$y = b + mx \tag{2-6}$$

式中,x 为自变量,y 为因变量,b 和 m 为待定常数。

设有一批实验数据,测定值为 $y_i, x_i (i = 1, 2, \cdots, n)$。若实验数据符合线性关系,或已知经验方程为直线形式,都可回归为直线方程,即

$$\hat{y} = b + mx_i \tag{2-7}$$

由于实验误差的存在,回归方程计算值 $\hat{y}$ 与实验值 y 存在残差,设为 d_i,则有

$$d_i = y_i - \hat{y} = y_i(b + mx_i) \qquad (i = 1, 2, \cdots, n) \tag{2-8}$$

根据最小二乘法假定回归方程的 $\hat{y_i}$ 与实验测定值 y_i 的残差平方和应最小,即

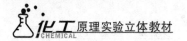

$$\sum d_i^2 = \min$$

以下 $\sum\limits_{i=1}^{n}$ 简记为 $\sum$。

令

$$Q = \sum d_i^2 = \sum \left[y_i - (b + mx_i) \right]^2 = \min$$

Q 有极小值的条件是 Q 对 b 和 m 的偏导数等于零,即

$$\frac{\partial Q}{\partial b} = 0, \frac{\partial Q}{\partial m} = 0$$

因为

$$Q = \sum \left[y_i^2 - 2y_i b - 2y_i mx_i + b^2 + 2bmx_i + m^2 x_i^2 \right]$$

所以

$$\frac{\partial Q}{\partial b} = -2 \sum (y_i - b - mx_i) = 0$$

$$\sum y_i - nb - m \sum x_i = 0 \tag{2-9}$$

同理

$$\frac{\partial Q}{\partial m} = -2 \sum \left(y_i x_i - b \sum x_i - m \sum x_i^2 \right) = 0$$

$$\sum y_i x_i - b \sum x_i - m \sum x_i^2 = 0 \tag{2-10}$$

整理式$(2-9)$和式$(2-10)$,则有

$$nb + m \sum x_i = \sum y_i \tag{2-11}$$

$$\sum y_i x_i = b \sum x_i - m \sum x_i^2 \tag{2-12}$$

此两式为直线回归得到的正规方程。联立求解可得到 b 和 m 的值,此值即为由最小二乘法原则得到的回归方程的最佳估计值。

由方程求解得

$$b = \frac{\sum x_i^2 \sum y_i - \sum x_i - \sum x_i y_i}{n \sum x_i^2 - \left(\sum x_i \right)^2} \tag{2-13}$$

$$m = \frac{n \sum x_i y_i - \sum x_i \sum y_i}{n \sum x_i^2 - \left(\sum x_i \right)^2} \tag{2-14}$$

为了应用方便,也可将解的形式表示为其他形式,将式$(2-11)$除以 n,移项得

$$b = \frac{\sum y_i - m \sum x_i}{n} = \bar{y} - m\bar{x} \tag{2-15}$$

将 b 值代入式$(2-12)$,整理得

$$m = \frac{\sum x_i y_i - n\bar{x}\bar{y}}{\sum x_i^2 - n(\bar{x})^2}$$

$$= \frac{\sum (x_i - \bar{x})(y_i - \bar{y})}{\sum (x_i - \bar{x})^2} \tag{2-16}$$

式中，$\bar{x} = \dfrac{\sum x_i}{n}$，$\bar{y} = \dfrac{\sum y_i}{n}$，$n$ 为实验数据组数。

（1）相关系数

为了检验回归直线与离散的实验数据点之间的符合程度，或这些实验点靠近回归直线的紧密程度，需要有一个数量指标来衡量，这个指标称相关系数 r。下面介绍相关系数的计算式及其意义。

实验值与回归方程计算值的残差平方和表达式：

$$Q = \sum (y_i - \hat{y}_i)^2$$

式中，回归方程 $\hat{y}_i = b + mx_i$，其中 $b = \bar{y} - m\bar{x}$。

所以

$$
\begin{aligned}
\sum (y_i - \hat{y}_i)^2 &= \sum [y_i - (\bar{y} - m\bar{x} + mx_i)]^2 \\
&= \sum [(y_i - \bar{y}) - m(x_i - \bar{x})]^2
\end{aligned}
\tag{2-17}
$$

展开上式，将式（2-16b）变为

$$\sum (x_i - \bar{x})(y_i - \bar{y}) = m \sum (x_i - \bar{x})^2$$

代入式（2-17），整理得

$$
\begin{aligned}
Q &= \sum (y_i - \bar{y})^2 - m^2 \sum (x_i - \bar{x})^2 \\
&= \sum [(y_i - \bar{y})^2 - m^2 (x_i - \bar{x})^2] \\
&= \sum (y_i - \bar{y})^2 \left[1 - \frac{m^2 \sum (x_i - \bar{x})^2}{\sum (y_i - \bar{y})^2}\right]
\end{aligned}
$$

令 $r^2 = \dfrac{m^2 \sum (x_i - \bar{x})^2}{\sum (y_i - \bar{y})^2}$，将式（2-16）的 m 值代入，两边开方得

$$r = \frac{\sum (x_i - \bar{x})(y_i - \bar{y})}{\sqrt{\sum (x_i - \bar{x})^2 \sum (y_i - \bar{y})^2}} \tag{2-18}$$

这里称 r 为相关系数，r 的符号取决于 $\sum (x_i - \bar{x})(y_i - \bar{y})$，因此，与回归直线方程的斜率 m 一致（见式（2-16））。所以 m 为正则 r 为正，m 为负则 r 为负。

由式（2-17）可知残差平方和 Q 总是大于零。

$$1 - \frac{m^2 \sum (x_i - \bar{x})^2}{\sum (y_i - \bar{y})^2} = (1 - r^2) \geqslant 2$$

所以 $r^2 \leqslant 1$，r 的变化范围为 $-1 \leqslant r \leqslant 1$。

相关系数的意义：

①当 $r = \pm 1$ 时（$Q = 0$），即 n 组实验数据全落在直线 $y = b + mx$ 上，如图2-7（a）和图2-7（b）所示。

②当 $|r|$ 越接近1时（Q 越小），n 组实验数据越靠近直线 $y = b + mx$；当 $|r|$ 偏离1愈大，实验点也偏离直线，如图2-7（c）和图2-7（d）所示。

③当 $r = 0$ 时，变量之间无线性关系，实验点分散在直线周围，如图2-7（e）和图2-7

（f）所示。$r=0$只说明变量y与x之间不存在线性关系，但不说明它们之间不存在其他相关关系。

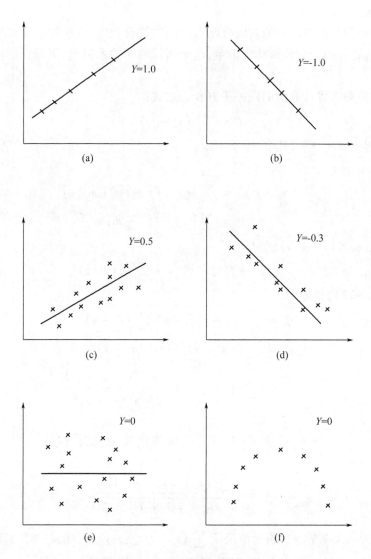

图 2-7　不同相关系数散点示意图

（2）回归方程的精度

回归方程的精度描述回归方程$y=b+mx$对诸实验点(x,y)的拟合程度，利用标准残差的量来衡量，被定义为

$$\sigma_y = \sqrt{\frac{\sum (y_i - \bar{y})^2}{n-q}} = \sqrt{\frac{\sum d_i^2}{n-q}} \quad (n>q) \tag{2-19}$$

式中，n是总的实验点数，q为回归方程中变量的总个数。对两个变量的线性回归方程，$q=2$。由上式可以看出σ_y的值愈小，回归方程精度愈高。标准残差的概念同样可应用于多项式回归方程精度的检查和量度。

(3)直线回归方程各常量的标准误差

直线回归方程斜率和截距的标准误差可用下式计算,即

$$\sigma_m = \sqrt{\frac{\sum d_i^2}{n-2} \cdot \frac{n}{n\sum x_i^2 - (\sum x_i)^2}} \qquad (2-20)$$

$$\sigma_b = \sqrt{\frac{\sum d_i^2}{n-2} \cdot \frac{\sum x_i^2}{n\sum x_i^2 - (\sum x_i)^2}} \qquad (2-21)$$

【例2-6】用最小二乘法求解例2-5。

解 由例2-5已知过滤方程为直线形式的方程,即

$$\frac{\Delta\theta}{\Delta q} = \frac{2}{K}\bar{q} + \frac{2}{K}q_e$$

按式(2-14)和式(2-15)中各项整理数据,计算结果列表如表2-6所示。

表2-6 计算结果

序号	y_i	x_i	x_i^2	$x_i y_i$
	$\Delta q/\Delta\theta$	$\bar{q}$	$\bar{q}^2$	$\bar{q} \cdot \Delta q/\Delta\theta$
1	382	0.05	0.002 5	19.1
2	762	0.15	0.022 5	114.3
3	113 6	0.25	0.062 5	284.0
4	151 4	0.35	0.122 5	529.9
$\sum$	379 4	0.80	0.210 0	947.3

将表中结果代入式(2-14)和式(2-15),求直线方程的斜率和截距,然后确定出过滤方程的常数。计算过程如下:

直线的斜率:

$$m = \frac{2}{K} = \frac{n\sum x_i y_i - \sum x_i \sum y_i}{n\sum x_i^2 - (\sum x_i)^2}$$

$$= \frac{4 \times 947.3 - 0.8 \times 379\ 4}{4 \times 0.210\ 0 - 0.8^2} = 3770$$

则

$$K = \frac{2}{377\ 0} = 5.31 \times 10^{-4}\ \text{m}^2/\text{s}$$

直线的截距:

$$b = \frac{2q_e}{K} = \frac{\sum y_i - m\sum x_i}{n}$$

$$= \frac{3\ 794 - 3\ 770 \times 0.8}{4} = 194.5\ \text{s/m}$$

则

$$q_e = \frac{194.5K}{2} = \frac{194.5 \times 5.31 \times 10^{-4}}{2} = 5.16 \times 10^{-2} \ \text{m}^3/\text{m}^2$$

2. 多元线性回归

在化工实验中,影响因变量的因素往往有多个,即

$$y = f(x_1, x_2, \cdots, x_n)$$

如果 y 与 $x_1, x_2, \cdots, x_n$ 之间的关系是线性的,则其数学模型为

$$\hat{y} = b_0 + b_1 x_1 + b_2 x_2 + \cdots + b_n x_n$$

多元线性回归的任务就是根据实验数据 $y_i, x_{ij}(i = 1, 2, \cdots, n; j = 1, 2, \cdots, m)$ 求出适当的 $b_0, b_1, \cdots, b_n$ 使回归方程与实验数据符合。其原理同一元线性回归一样,使 $\hat{y}$ 与实验值 y_i 的偏差平方和 Q 最小。

$$Q = \sum_{j=1}^{m} (y_i - \hat{y}_i)^2 = \sum_{j=1}^{m} (y_i - b_0 - b_1 x_{1j} - b_2 x_{2j} - \cdots - b_n x_{nj})^2$$

令 $\frac{\partial Q}{\partial b_i} = 0$,即

$$\frac{\partial Q}{\partial b_0} = -2 \sum_{j=1}^{m} (y_i - b_0 - b_1 x_{1j} - \cdots - b_n x_{nj}) = 0$$

$$\frac{\partial Q}{\partial b_1} = -2 \sum_{j=1}^{m} (y_i - b_0 - b_1 x_{1j} - \cdots - b_n x_{nj}) = x_{1j} = 0$$

$$\frac{\partial Q}{\partial b_2} = -2 \sum_{j=1}^{m} (y_i - b_0 - b_1 x_{1j} - \cdots - b_n x_{nj}) = x_{2j} = 0$$

$$\vdots$$

$$\frac{\partial Q}{\partial b_n} = -2 \sum_{j=1}^{m} (y_i - b_0 - b_1 x_{1j} - \cdots - b_n x_{nj}) = x_{nj} = 0$$

由此得正规方程($\sum_{j=1}^{m}$ 简化为 $\sum$)

$$mb_0 + b_1 \sum x_{1j} + b_2 \sum x_{2j} + \cdots + b_n \sum x_{nj} = \sum y_j$$

$$b_0 \sum x_{1j} + b_1 \sum x_{1j}^2 + b_2 \sum x_{1j}x_{2j} + \cdots + b_n \sum x_{1j}x_{nj} = \sum y_j x_{1j}$$

$$b_0 \sum x_{2j} + b_1 \sum x_{1j}x_{2j} + b_2 \sum x_{2j}^2 + \cdots + b_n \sum x_{2j}x_{nj} = \sum y_j x_{2j}$$

$$\vdots$$

$$b_0 \sum x_{nj} + b_1 \sum x_{nj}x_{1j} + b_2 \sum x_{nj}x_{2j} + \cdots + b_n \sum x_{nj}^2 = \sum y_j x_{nj}$$

可以表示为矩阵形式为

$$\begin{bmatrix} m & \sum x_{1j} & \sum x_{2j} & \cdots & \sum x_{nj} \\ \sum x_{1j} & \sum x_{1j}^2 & \sum x_{1j}\sum x_{2j} & \cdots & \sum x_{1j}\sum x_{nj} \\ \sum x_{2j} & \sum x_{1j}\sum x_{2j} & \sum x_{2j}^2 & \cdots & \sum x_{2j}\sum x_{nj} \\ \vdots & \vdots & \vdots & & \vdots \\ \sum x_{nj} & \sum x_{1j}\sum x_{nj} & \sum x_{nj}\sum x_{2j} & \cdots & \sum x_{nj}^2 \end{bmatrix} \begin{bmatrix} b_0 \\ b_1 \\ b_2 \\ \vdots \\ b_n \end{bmatrix} = \begin{bmatrix} \sum y_j \\ \sum y_j x_{1j} \\ \sum y_j x_{2j} \\ \vdots \\ \sum y_j x_{nj} \end{bmatrix}$$

用高斯消去法或其他方法可解得待定参数 $b_0, b_1, \cdots, b_n$。系数矩阵中的 m 值为 y_j 值的

个数。以上方法一般用计算机计算,自变量及实验数据较少才用手算。

3. 非线性回归

实际问题中变量间的关系很多是非线性的,如 $y = ax^b$,$y = ae^{bx}$,$y = ax_1{}^b x_2{}^c \cdots x_n{}^m$ 等,处理这些非线性函数的主要方法是将其转变为线性函数。

(1)一元非线性回归

对非线性函数 $y = f(x)$,可以通过函数变换,令 $Y = \Phi(y)$,$X = \Psi(x)$,转化成线性关系 $Y = a + bX$。

(2)一元多项式回归

由数学分析可知,任何复杂的连续函数均可用高阶多项式近似表示,因此,对于那些较难直线化的函数,可以用下式逼近,即

$$y = b_0 + b_1 x + b_2 x^2 + \cdots + b_n x^n$$

如令 $Y = y$,$X_1 = x$,$X_2 = x^2$,$\cdots$,$X_n = x^n$,则上式转化为多元线性方程:

$$Y = b_0 + b_1 X_1 + b_2 X_2 + \cdots + b_n X_n$$

这样就可用多元线性回归求出系数 b_0,b_1,b_2,$\cdots$,b_n。

注意 虽然多项式的阶数愈高,回归方程的精度(与实际数据的逼近程度)愈高,但阶数愈高,回归计算的舍入误差也愈大。所以,当阶级 n 过高时,回归方程的精度反而降低,甚至得不出合理结果,故一般 n 为3或4即可。

(3)多元非线性回归

对于多元非线性函数,一般也是将其化为多元线性函数,其方法同一元非线性函数。如圆形直管内强制湍流的对流传热关联式:

$$Nu = aRe^b Pr^c$$

方程两端取对数得

$$\lg Nu = \lg a + b \lg Re + c \lg Pr$$

令 $Y = \lg Nu$,$b_0 = \lg a$,$X_1 = \lg Re$,$X_2 = \lg Pr$,$b_1 = b$,$b_2 = c$,则可转化为多元线性方程:

$$Y = b_0 + b_1 X_1 + b_2 X_2$$

由此,可按多元线性回归方程处理。

2.4.3 数值计算方法

在化工领域中应用的数学方法相当广泛,本书仅对书内章节用到的数值计算方法做简单的介绍。

1. 插值

在工程领域内,实验数据通常以列表函数或表格的形式出现。例如物质的物性数据是温度、压强和组成的函数,这些表格数据可以在相关的手册和资料中查到。表 2-7 是水的黏度随温度变化的表格形式。

表 2-7 水的黏度随温度变化的列表函数

$t/℃$	0	10	20	30	40	50	60
$\mu/(MPa \cdot s)$	1.788 0	1.305 0	1.004 0	0.801 2	0.653 2	0.549 2	0.469 8

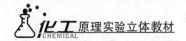

表中的温度点称界限值或结点。在实际使用时往往需要求得结点间的温度所对应的黏度(函数值),而这些对应的数据未在列表中出现。插值方法是通过结点上的数据来确定附近点对应的函数近似值。化工计算中最常用的插值方法有线性插值和二次插值。

(1)线性插值

在 n 个结点 $x_1,x_2,x_3,\cdots,x_n$ 中任取相邻两点,以线性函数

$$y = a_0 + a_1 x$$

逼近被插函数 $f(x)$。把相邻两点的数值代入线性方程,则

$$\begin{cases} y_i = a_0 + a_1 x_i \\ y_{i+1} = a_0 + a_1 x_{i+1} \end{cases}$$

解得

$$\begin{cases} a_0 = \dfrac{y_i x_{i+1} - y_{i+1} x_i}{x_{i+1} - x_i} \\[2mm] a_1 = \dfrac{y_{i+1} - y_i}{x_{i+1} - x_i} \end{cases}$$

整理得到插值的计算公式:

$$y = y_i + \frac{y_{i+1} - y_i}{x_{i+1} - x_i}(x - x_i)$$

式中,$x_i \leqslant x \leqslant x_{i+1}$。

(2)二次插值(拉格朗日三点插值)

在 n 个结点 $x_1,x_2,x_3,\cdots,x_n$ 中任取相邻三点,以二次函数

$$y = a_0 + a_1 x + a_2 x^2$$

逼近被插函数 $f(x)$ 来获得较高的插值精度。把相邻三点的数值代入线性方程,则

$$\begin{cases} y_i = a_0 + a_1 x_i + a_2 x_i^2 \\ y_{i+1} = a_0 + a_1 x_{i+1} + a_2 x_{i+1}^2 \\ y_{i+2} = a_0 + a_1 x_{i+2} + a_2 x_{i+2}^2 \end{cases}$$

解出 a_0,a_1,a_2,代入二次函数,整理得

$$y = y_i \frac{(x - x_{i+1})(x - x_{i+2})}{(x_i - x_{i+1})(x_i - x_{i+2})} + y_{i+1} \frac{(x - x_i)(x - x_{i+2})}{(x_{i+1} - x_i)(x_{i+1} - x_{i+2})} + y_{i+2} \frac{(x - x_i)(x - x_{i+1})}{(x_{i+2} - x_i)(x_{i+2} - x_{i+1})}$$

$$(2 - 22)$$

把插值函数推广到 n 次多项式,即

$$y = a_0 + a_1 x + a_2 x^2 + \cdots + a_n x^n$$

式(2 - 22)也可写成

$$y = \sum_{i=1}^{n} \left(y_i \prod_{j=1}^{n} \frac{x - x_j}{x_i - x_j} \right), i \neq j \qquad (2 - 23)$$

式(2 - 23)通常被称为拉格朗日插值多项式

2. 定积分

在化学工程中,除了数据的拟合和回归,还经常遇到的一类问题就是定积分的数值计算。例如传热过程中传热推动力的计算、吸收过程中传质系数的求和等。对于定积分计算问题,一般利用图解积分和数值计算方法求得近似值。

例如,若求解定积分

$$I = \int_a^b f(x)\,\mathrm{d}x = F(b) - F(a) \tag{2-24}$$

的数值时,但无法得到原函数在积分上限和下限的正确值,或根本得不到原函数的具体表达式,此时只能根据定积分的概念计算曲边梯形的面积,常用的数值积分法有梯形法和辛普森法。

(1)梯形法

如图 2-8 所示,将区间 $[a,b]$ 分成 n 等份,每条曲边梯形的面积用梯形的面积来近似,份数越多误差越小。

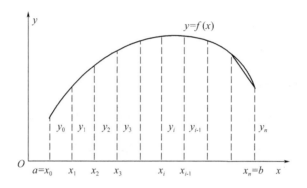

图 2-8   梯形积分的几何意义

梯形的高是 Δx,则梯形法计算的近似公式

$$\int_a^b f(x)\,\mathrm{d}x \approx \frac{y_0 + y_1}{2}\Delta x + \frac{y_1 + y_2}{2}\Delta x + \cdots + \frac{y_{n-1} + y_n}{2}\Delta x$$

$$= \Delta x \left(\frac{y_0 + y_n}{2} + y_1 + y_2 + \cdots + y_{n-1} \right)$$

$$= \frac{b - a}{n} \left(\frac{y_0 + y_n}{2} + y_1 + y_2 + \cdots + y_{n-1} \right)$$

(2)辛普森法

如图 2-9 所示,将区间 $[a,b]$ 分成 n 等份(n 必须为偶数),对每两条曲边梯形的面积用二次曲线梯形的面积来近似,份数越多误差越小。

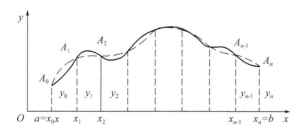

图 2-9   辛普森积分的几何意义

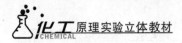

确定二次抛物线

$$y = a_0 + a_1 x + a_2 x^2$$

$$\int_{x_0}^{x_2} (a_0 + a_1 x + a_2 x^2)\, dx = \left[a_0 x + \frac{a_1}{2} x^2 + \frac{a_2}{3} x^3 \right]_{x_0}^{x_2}$$

$$= a_0 (x_2 - x_0) + \frac{1}{2} a_1 (x_2^2 - x_0^2) + \frac{1}{3} a_2 (x_2^3 - x_0^3)$$

$$x_1 = \frac{x_0 + x_2}{2} \ 或\ x_0 + x_2 = 2x_1$$

合并上两式得

$$\int_{x_0}^{x_2} (a_0 + a_1 x + a_2 x^2)\, dx$$

$$= \frac{1}{6} (x_2 - x_0) \left[(a_0 + a_1 x_0 + a_2 x_0^2) + 4(a_0 + a_1 x_1 + a_2 x_1^2) + (a_0 + a_1 x_2 + a_2 x_2^2) \right]$$

$$= \frac{1}{6} (x_2 - x_0)(y_0 + 4y_1 + y_2)$$

对于 $x_2 \sim x_4, x_4 \sim x_6, \cdots, x_{n-2} \sim x_n$ 也按上述方法处理,由于

$$x_2 - x_0 = x_4 - x_2 = \cdots = x_{n-2} - x_n = 2 \times \frac{b - a}{n}$$

所以

$$\int_a^b f(x)\, dx \approx \frac{1}{6} \times \frac{2(b-a)}{n} \left[(y_0 + 4y_1 + y_2) + (y_2 + 4y_3 + y_4) + \cdots + (y_{n-2} + 4y_{n-1} + y_n) \right]$$

$$= \frac{b-a}{3n} \left[(y_0 + y_n) + 2(y_2 + y_4 + \cdots + y_{n-2}) + 4(y_1 + y_3 + \cdots + y_{n-1}) \right]$$

第3章 计算机软件对实验数据
进行回归处理

3.1 Microsoft Excel 软件在实验数据处理中的应用

3.1.1 恒压过滤实验应用实例

以实验原理为基础,在一定压力 $\Delta p = 0.05$ MPa 和一定过滤面积 $A = 0.42$ m^2 下过滤,可得 10 组过滤量 V_i 和过滤时间 τ_i 的原始数据,如表 3 – 1 所示。

表 3 – 1　0.05 MPa 压力下测得的恒压滤液量和过滤时间

序号	过滤量 V_i /(10^{-3}m^3)	过滤时间 τ_i /s	序号	过滤量 V_i /(10^{-3}m^3)	过滤时间 τ_i /s
1	0	0	11	10.29	254
2	1.47	16	12	10.99	284
3	3.22	40	13	11.56	310
4	4.67	66	14	12.23	342
5	5.79	92	15	12.63	362
6	6.65	116	16	13.08	386
7	7.50	144	17	13.44	406
8	8.16	168	18	13.95	436
9	8.78	192	19	14.35	460
10	9.67	228	20	14.75	484

打开 Microsoft Excel 2010 程序,新建一个 Excel 文件,将原始数据 V_i 和 τ_i 以及其计算公式 $\Delta\tau = \tau_{i+1} - \tau_i$;$\Delta V = V_{i+1} - V_i$;$\Delta q = \Delta V/A$;$q_i = (V_{i+1} + V_i)/2A$;$\dfrac{\Delta\tau}{\Delta q} = \Delta\tau/\Delta q$ 输入到各单元格中,则 Excel 会自动计算各单元格的值。原始数据改变,各单元格的值会相应地改变,如图 3 – 1 所示。

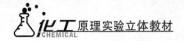

图 3-1 根据过滤量 V_i 和过滤时间 τ_i 求得的相关数据

(1)选中 F 和 G 两列,即 q 和 $\dfrac{\Delta\tau}{\Delta q}$,点击"插入"菜单中的"插入图表",选择"XY(散点图)"中"带光滑曲线和数据标记"命令,如图 3-2 所示。

图 3-2 插入图表

(2)点击"确定"按钮,右键单击网格线,选择"设置网格线格式",在"线条颜色"菜单中选择"无线条",设置坐标轴格式的步骤与此类似。右键单击空白处,选择"重设以匹配样式",调出"图表工具"菜单,选择"快速布局"命令下的"布局 1",调出"坐标轴标题"和"图表标题"文本框,编辑相应说明,得到 0.05 MPa 压力下的恒压过滤曲线,如图 3-3 所示。

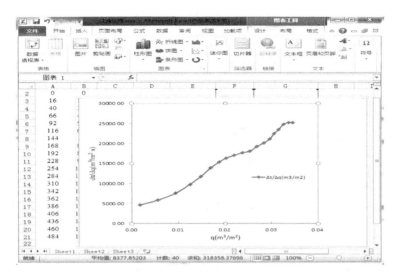

图 3 – 3 恒压过滤曲线(1)

(3)右击图 3 – 3 中的光滑曲线,选择"添加趋势线"选项,在"设置趋势线格式"选项卡中选择"线性",将"显示公式"和"显示 R 平方值"选项打钩,然后点击"关闭"按钮。即得到增加了趋势线的恒压过滤曲线,并显示拟合的线性方程和拟合相关度,如图 3 – 4 所示。

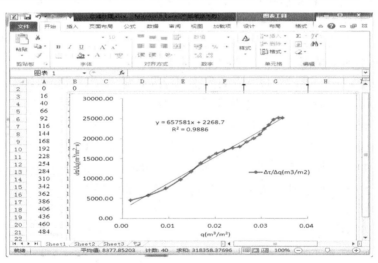

图 3 – 4 恒压过滤曲线(2)

由图 3 – 4 可知,$\dfrac{\Delta\tau}{\Delta q} = 657\,581q + 2\,268.7$,即$\dfrac{K}{2} = 657\,581$,$\dfrac{K}{2}q_e = 2\,268.7$,可求得过滤常数 $K = 3.04 \times 10^{-6}$ m²/s,$q_e = 0.034\,5$ m³/m²,虚拟过滤时间 $\tau_e = 391.5$ s。

3.1.2 孔道干燥实验应用实例

在干燥温度 70 ℃,风速 90 m³/h,毛毡面积为 12.5 ×8.3 ×2 cm²,绝干质量为 42.2 g,毛毡初始质量为 70.5 g 的条件下进行实验,测量得到的实验数据如表 3 – 2 所示。

表 3 - 2　孔道干燥实验原始数据

时间/min	毛毡质量/g	时间/min	毛毡质量/g	时间/min	毛毡质量/g	时间/min	毛毡质量/g
2	69.4	24	58.6	46	48.6	68	43.5
4	68.5	26	57.5	48	48.2	70	43.3
6	67.4	28	56.7	50	47.5	72	43.1
8	66.4	30	55.7	52	46.9	74	42.8
10	65.5	32	54.6	54	46.4	76	42.7
12	64.6	34	53.8	56	45.9	78	42.6
14	63.5	36	52.8	58	45.5	80	42.5
16	62.6	38	51.8	60	44.9	82	42.4
18	61.6	40	51.2	62	44.5	84	42.4
20	60.8	42	50.3	64	44.3		
22	59.7	44	49.4	66	43.9		

　　打开 Microsoft Excel 程序,新建一个 Excel 文件,将原始实验数据分别输入 A 列和 B 列,失水量 $W_i = 70.5 - m_i$,单位 g,输入公式,计算结果列在 C 列;干基含水量 $X_i = (m_i - 42.2)/42.2$,计算结果列在 D 列。

　　为求准确,应用分段拟合法对数据进行处理,在某处将干燥过程分为两部分分别绘制失水曲线,然后分别对两部分的失水曲线进行拟合,前部分拟合成直线,后部分拟合成二次多项式,如图 3 - 5 所示,然后对拟合出的曲线方程求导得出每一时刻的斜率。切割的原则是两部分相邻两点的斜率最相近,并要求后一点斜率小于前一点斜率,通过不断尝试找到最佳切割点。通过多次尝试,该组数据合适的切割点在第 32 分钟位置,即第 30 分钟前按直线拟合,斜率为 0.489 8,第 32 分钟后按多项式拟合。斜率为 $-0.004\,5 \times 2 \times 32 + 0.753\,7 = 0.465\,7$,所有计算结果列在 E 列。干燥速率 $(\times 1\,000)\,u_i =$ 斜率$/(2 \times 0.125 \times 0.083)/60$ kg/(m^2/s),分段拟合法计算结果列在 F 列。所有计算结果如图 3 - 6 所示。

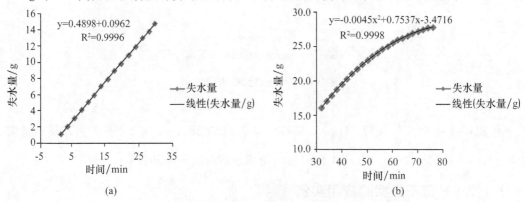

(a)　　　　　　　　　　　(b)

图 3 - 5　孔道干燥实验 30 分钟前后两部分失水曲线及其曲线拟合公式

(a) 第 30 分钟前;(b) 第 32 分钟后

时间/min	毛毡质量/g	失水量/g	干基含水量/g	斜率	干燥速率
2	69.4	1.1	0.64	0.4898	0.393
4	68.5	2.0	0.62	0.4898	0.393
6	67.4	3.1	0.60	0.4898	0.393
8	66.4	4.1	0.57	0.4898	0.393
10	65.5	5.0	0.55	0.4898	0.393
12	64.6	5.9	0.53	0.4898	0.393
14	63.5	7.0	0.50	0.4898	0.393
16	62.6	7.9	0.48	0.4898	0.393
18	61.6	8.9	0.46	0.4898	0.393
20	60.8	9.7	0.44	0.4898	0.393
22	59.7	10.8	0.41	0.4898	0.393
24	58.6	11.9	0.39	0.4898	0.393
26	57.5	13.0	0.36	0.4898	0.393
28	56.7	13.8	0.34	0.4898	0.393
30	55.7	14.8	0.32	0.4898	0.393
32	54.5	16.0	0.29	0.4657	0.374
34	53.5	17.0	0.27	0.4477	0.360
36	52.7	17.8	0.25	0.4297	0.345
38	51.8	18.7	0.23	0.4117	0.331
40	51.1	19.4	0.21	0.3937	0.316
42	50.3	20.2	0.19	0.3757	0.302
44	49.5	21.0	0.17	0.3577	0.287
46	48.8	21.7	0.16	0.3397	0.273
48	48.2	22.3	0.14	0.3217	0.258
50	47.5	23.0	0.13	0.3037	0.244
52	46.9	23.6	0.11	0.2857	0.229
54	46.4	24.1	0.10	0.2677	0.215
56	45.9	24.6	0.09	0.2497	0.201
58	45.5	25.0	0.08	0.2317	0.186
60	44.9	25.6	0.06	0.2137	0.172
62	44.5	26.0	0.05	0.1957	0.157
64	44.3	26.2	0.05	0.1777	0.143
66	43.9	26.6	0.04	0.1597	0.128
68	43.5	27.0	0.03	0.1417	0.114
70	43.3	27.2	0.03	0.1237	0.099
72	43.1	27.4	0.02	0.1057	0.085
74	42.8	27.7	0.01	0.0877	0.070
76	42.7	27.8	0.01	0.0697	0.056
78	42.6	27.9	0.01	0.0517	0.042
80	42.5	28.0	0.01	0.0337	0.027
82	42.4	28.1	0.00	0.0157	0.013
84	42.4	28.1	0.00	0.0157	0.013

图3-6 孔道干燥实验原始及计算数据

前30分钟数据直线拟合步骤:先对 A 列、C 列前16行的数据做 XY 散点图,如图 3-7 所示;调出"图表工具"→"布局"菜单,利用"坐标轴标题"命令添加坐标轴说明,使用"趋势线"→"线性"命令进行数据的直线拟合,如图 3-8 所示。用类似的方法可得 30 分钟后数据的多项式拟合曲线。

图3-7 前30分钟数据的 XY 散点图示

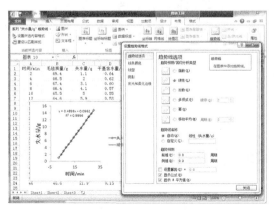

图3-8 前30分钟数据的直线拟合图示

最后,分别以 A 列为 x 轴、C 列为 y 轴绘制整个实验的失水曲线,如图 3-9 所示;绘制出分段拟合法得到的干燥速率曲线,如图 3-10 所示。

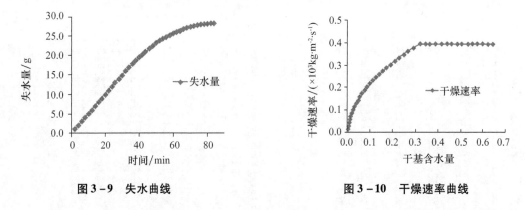

图 3-9　失水曲线　　　　　　　　　　图 3-10　干燥速率曲线

看出,图 3-10 中分段拟合法得到的干燥速率很好地符合干燥速率的内在规律,明显地分为等速干燥阶段和降速干燥阶段两个阶段。

3.2　Origin 软件在实验数据处理中的应用

3.2.1　离心泵性能测定实验应用实例

打开 Microsoft Excel 2000 程序,新建一个工作簿,在首行中输入项目符号和单位,在 A~G 列依次输入相应的实验原始数据,在 H~L 列中分别使用计算公式。例如,在 I2 单元格中计算"B2 * 2900/G2"的值,首先选中 I2 单元格,键入"=",单击 B2 单元格,键入" * 2900/",再单击 G2 单元格,回车即可。然后单击 I2 单元格,在单元格右下角出现十字后下拉该列,得到 I3~I14 单元格的值。实验数据计算结果如图 3-11 所示。

	B	C	D	E	F	G	H	I	J	K	L
	Q/(m3/h)	t/℃	p1/kPa	p2/kPa	Ne/kW	n/(r/min)	ρ/(kg/m3)	Q'/(m3/h)	H'/m	N'/kW	η/%
2	0.00	24.7	1.4	143.1	0.29	2940	997.10	0.00	14.30	0.26	0.00
3	0.38	24.4	-0.8	132.0	0.36	2930	997.17	0.38	13.51	0.33	4.16
4	0.73	24.0	-1.0	124.9	0.41	2940	997.28	0.72	12.73	0.37	6.66
5	1.30	23.8	-1.1	110.8	0.46	2930	997.33	1.29	11.41	0.42	9.41
6	1.73	23.8	-1.3	101.4	0.54	2930	997.33	1.71	10.49	0.50	9.81
7	2.19	23.9	-1.8	93.6	0.57	2920	997.30	2.18	9.83	0.53	10.94
8	2.76	23.9	-2.0	84.0	0.64	2920	997.30	2.74	8.88	0.60	11.10
9	3.34	24.0	-2.2	74.6	0.67	2920	997.28	3.32	7.95	0.62	11.48
10	3.95	24.2	-2.5	64.2	0.73	2910	997.25	3.94	6.98	0.69	10.87
11	4.57	24.2	-2.7	52.3	0.75	2900	997.25	4.57	5.83	0.71	10.15
12	5.14	24.2	-3.2	41.2	0.78	2890	997.23	5.16	4.78	0.75	8.94
13	5.64	24.9	-3.0	29.1	0.83	2890	997.12	5.66	3.56	0.80	6.87
14	5.99	24.9	-3.4	24.9	0.88	2880	997.04	6.03	3.14	0.85	6.02

图 3-11　离心泵性能测定实验原始数据与计算结果

使用 Origin 8.0 绘制散点图,数据中有 3 个因变量,需设 3 个纵轴。首先,选中 H～L 列,将 Excel 中的对应的 Q′,H′,N′和 η′数据复制到 Origin 工作簿,选中因变量,点击菜单栏 "Plot"下的"Template Library",打开对话框,在左侧"Ctegory"窗口中选择"Multiple-Curve"中的"OffsetY",如图 3 - 12 所示。单击"Plot Steup"按钮,在新对话框中的"Plot Type"选择 "Scatter",分别设定"Layer 1""Layer 2"和"Layer 3"中对应的 X 和 Y,依次单击"add"按钮,如图 3 - 13 所示。单击"OK"按钮确认,得到散点图;或者选中一条曲线,右键选择"Change plot to scatter",也可以得到散点图,如图 3 - 14 所示。

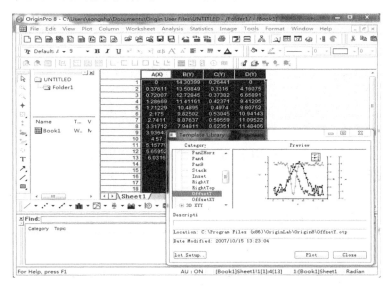

图 3 - 12　"Template Library"对话框

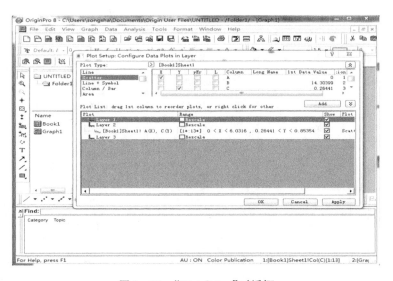

图 3 - 13　"Plot Setup"对话框

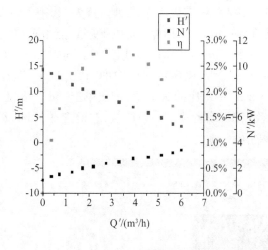

图3-14 散点图的绘制

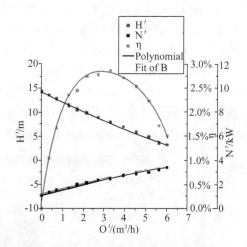

图3-15 添加趋势线,进行回归分析

离心泵特性曲线的拟合,可采用2~4次多项式来拟合。压头、轴功率曲线用2次多项式拟合,效率曲线采用4次多项式 $Y = A + B1X + B2X^2 + B3X^3 + B4X^4$ 进行拟合。以后者为例:点击菜单栏"Analysis Fitting",打开"Fit Polynomial"对话框,"Polynomial Order"选择"4",点击"OK"按钮完成。结果如图3-15所示,表3-2为多项式拟合结果分析。

表3-2 多项式拟合结果分析

模型		多项式		相关系数平方
		值	标准误差	
H′	截距	14.144 8	0.129 78	0.997 3
	B1	-2.007 03	0.105 52	
	B2	0.032 04	0.016 88	
N′	截距	0.280 79	0.011 39	0.991 69
	B1	0.125 32	0.009 26	
	B2	-0.005 84	0.001 48	
η	截距	0.236 76	0.313 06	0.989 03
	B1	11.384 5	0.826 88	
	B2	-4.320 25	0.600 99	
	B3	0.737 29	0.153 6	
	B4	-0.051 24	0.012 66	

3.2.2 精馏塔全塔效率测定实验应用实例

首先拟合乙醇-水溶液常压相平衡数据,逐板计算法通常由塔顶开始计算,利用 Origin 8.0 软件的"Fit Polynomial"功能拟合 $x-y$(原始数据见表3-3)相平衡曲线。通过绘制

$x-y$关系图发现$x-y$曲线上有拐点,经多次拟合并将x值代入拟合方程计算出的y值与表3-3中x值所对应的y值进行比较,发现将$x-y$曲线分成3段拟合效果最好。拟合好的三段曲线绘于图层graph1上,如图3-16所示,分段区间为:$y\in[0,0.186\,8]$,$y\in[0.186\,8,0.595\,5]$,$y\in[0.595\,5,0.894\,1]$,相应区间的趋势线方程为式(3-1)、式(3-2)或(3-3),拟合所得方程能很好地描述乙醇-水二元体系的气液相平衡关系,相关系数在0.99以上。

表3-3　乙醇-水在常压下的气液平衡数据

沸点 $t/℃$	乙醇摩尔分数		沸点 $t/℃$	乙醇摩尔分数	
	x	y		x	y
99.9	0.000 04	0.000 53	82	0.273	0.564 4
99.8	0.000 4	0.005 1	81.3	0.332 4	0.587 8
99.7	0.000 5	0.007 7	80.6	0.420 9	0.622 2
99.5	0.001 2	0.015 7	80.1	0.489 2	0.647
99.2	0.002 3	0.029	79.85	0.526 8	0.662 8
99.0	0.003 1	0.037 2	79.5	0.526 8	0.662 8
98.75	0.003 9	0.045 1	79.2	0.656 4	0.727 1
97.65	0.007 9	0.087 6	78.95	0.689 2	0.746 9
95.8	0.016 1	0.163 4	78.75	0.723 6	0.769 3
91.3	0.041 6	0.299 2	78.6	0.759 9	0.792 6
87.9	0.074 1	0.391 6	78.4	0.798 2	0.818 3
85.2	0.126 4	0.474 9	78.27	0.838 7	0.849 1
83.75	0.174 1	0.516 7	78.2	0.859 7	0.864
82.3	0.257 5	0.557 4	78.15	0.894 1	0.894 1

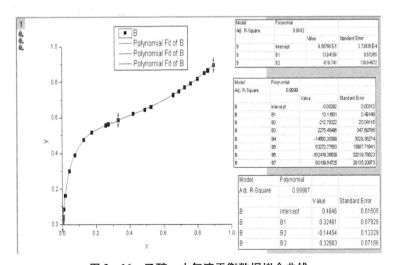

图3-16　乙醇-水气液平衡数据拟合曲线

$$y = -619.741x^2 + 13.941\ 59x + 0.000\ 095\ 879\ 8 \quad (0 < y < 0.045\ 1) \quad R^2 = 0.999\ 2$$
$$(3-1)$$

$$y = 80\ 139.647\ 25x^7 - 102\ 419.366\ 39x^6 + 53\ 272.775\ 53x^5 - 14\ 563.300\ 99x^4 + 2\ 275.454\ 86x^3$$
$$- 212.783\ 22x^2 + 13.116\ 01x - 0.002\ 92 \quad (0.045\ 1 < y < 0.622\ 2) \quad R^2 = 0.999\ 9$$
$$(3-2)$$

$$y = 0.328\ 03x^3 - 0.144\ 54x^2 + 0.324\ 61x + 0.484\ 6 \quad (0.622\ 2 < y < 0.894\ 1) \quad R^2 = 0.999\ 87$$
$$(3-3)$$

Origin 8.0 软件操作步骤如下：

(1)打开 Origin 8.0 软件,在工作表中 X 栏、Y 栏分别输入液相 x 和气相 y 的数据,如图 3-17 所示。

(2)以液相 x 与气相 y 的数据绘制散点图。点击"Plot"菜单下的"Scatter",如图 3-17 所示。

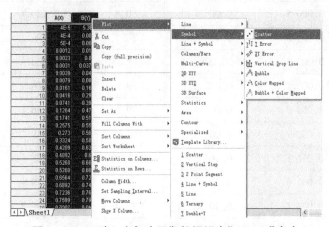

图 3-17　乙醇-水气液平衡数据拟合"Scatter"命令

(3)执行"Analysis→Fitting→Fit Polynomial→Open Dialog"命令,即出现"Polynomial Fit"界面,如图 3-18 所示,首先将 1~7 行数据进行 2 次项拟合,注意要将"Find X from Y"打钩,点击"OK"按钮,即得到第一段拟合曲线方程式(3-1),其余两段拟合曲线式(3-2)和式(3-3)步骤相同。

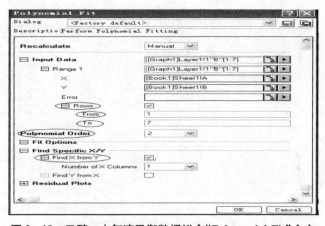

图 3-18　乙醇-水气液平衡数据拟合"Polynomial Fit"命令

接下来,利用逐板法求理论板数。某学生所得实验数据:塔顶液相产品浓度 $x_D = 0.821$ (摩尔分数,下同),塔釜液相产品浓度 $x_W = 0.05$,实际板数 $N = 8$。全回流条件下,则 $y_1 = x_D = 0.821$。首先根据相平衡曲线由 y_1 计算相应的 x_1,然后进行逐板下行计算。

Origin 8.0 软件操作步骤如下:

(4)返回 worksheep 工作表中,点击窗口下面的 ▶ 按钮拉动横条,直到拖拽出"FitPolynomialFindXfromY3"命令,将 0.821 输入到 Y 列第一行处,按回车键"Enter",则 X 列第一行自动生成 0.801 75,即 x_1 值,如图 3 – 19 所示。"FitPolynomialFindXfromY3"命令表示:在拟合好的第三段曲线 $y = 0.328\,03x^3 - 0.144\,54x^2 + 0.324\,61x + 0.484\,6$ 中,输入一个 y 值,软件自动根据拟合好的曲线计算相应的 x 值。

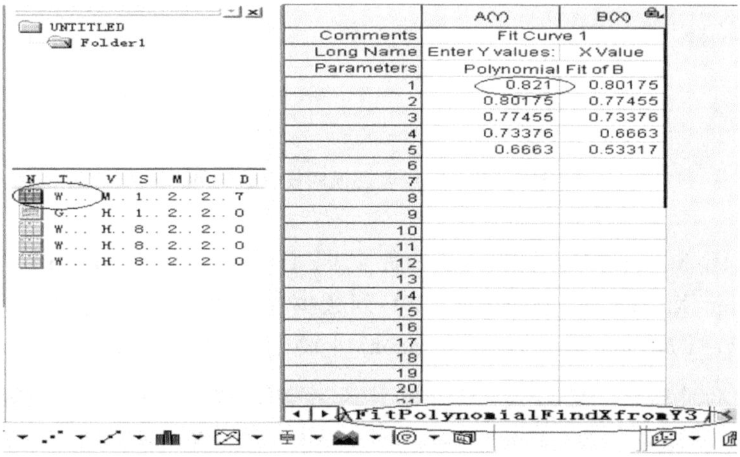

图 3 – 19 乙醇 – 水气液平衡数据拟合"FitPolynomialFindXfromY3"命令

(5)全回流时操作线方程 $y_{n+1} = x_n$,则 $y_2 = x_1 = 0.801\,75$,重复 Oringin 操作步骤(4)命令,分别计算出相应的 $x_1 \sim x_5$,直到第 5 块板后,$y_6 = x_5 = 0.533\,17$ 值范围已不在第三段拟合曲线 y 值的规定范围($0.622\,2 < y < 0.894\,1$),需用到第二段拟合方程。点击窗口下面的 ◀ 按钮拉动横条,直到拖拽出"FitPolynomialFindXfromY2"命令,继续进行逐板下行计算,直至达到规定的塔釜组成为止,即 $x_n \leqslant x_W = 0.052$,此阶段计算的理论塔板数为 2 块,则总理论塔板数为 2 + 5 = 7 块。此外,可利用工具栏中的"Screen Reader"按钮 ✛ 在曲线上手动取点,通过"Data Display"窗口显示屏幕上的坐标值,读出相应的 x 值和 y 值,但是这种方法主观性较强,取点的 y 值与曲线上的真实 y 值肯定存在误差,因此利用"FindX/Y"命令算出的值比较准确。

计算过程共用了 7 次相平衡方程,最后一次用相平衡方程所得平衡组成小于 x_W,且假设冷凝器满足全冷凝条件,故全塔所需总理论塔板数 $N_T = 7$ 块,全塔效率 $E_T = 7/8 \times 100\% = 85\%$。

Origin 8.0 操作步骤如下:

(6)返回图 3 – 17 所示的界面,单击鼠标右键,选择"Add New Column",增加 C(Y2)、D(Y2)列数据表格,利用"Set as X"命令将 C(Y2)改成 C(X2),输入操作线数据(0,0)和(1,1),执行"Plot→Multi Curve→DoubleY"命令,在图层 graph2 上画出操作线方程,如

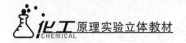
图3－20所示。

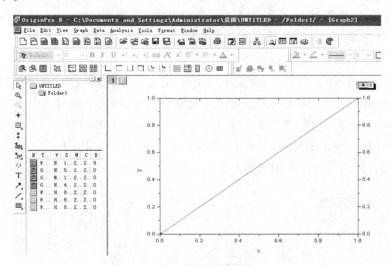

图 3 - 20 绘制全回流时操作线方程

(7)返回图 3 - 17 所示的界面,命令同 Origin 操作步骤(6),将执行 2 次 "FitPolynomialFindXfromY"命令得到的 X/Y 列数据粘进新建 E(Y3)、F(Y3)列中,执行 "Plot→Line→Vertical Step"命令,在图层 graph3 上画出阶梯线,如图 3 - 21 所示。

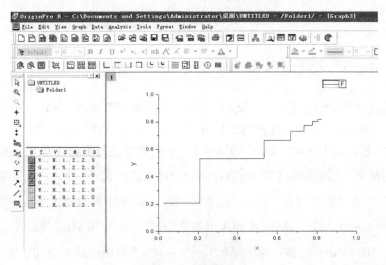

图 3 - 21 阶梯线图示

(8)返回图 3 - 17 所示的界面,命令同 Origin 操作步骤(6),将 $x_D = 0.821$,$x_W = 0.052$ 输入进新建 G(Y4)、H(Y4)列中,执行"Plot→Line + Symbol→2D segment"命令,在图层 graph4 上画出塔顶和塔釜产品浓度点,如图 3 - 22 所示。

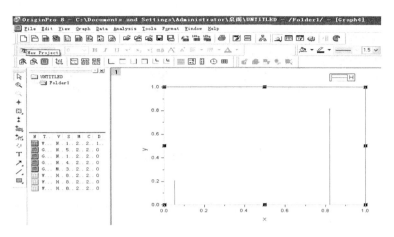

图 3 - 22　塔顶和塔釜产品浓度点

(9)执行"Merge"命令,将图层 graph1 至 graph4 合并在一张图中,Origin 8.0 操作界面如图 3 - 23 所示,执行 命令将图层 graph1 至 graph4 选入右侧框中,点击"OK"按钮完成,图 3 - 24 为最终效果图。

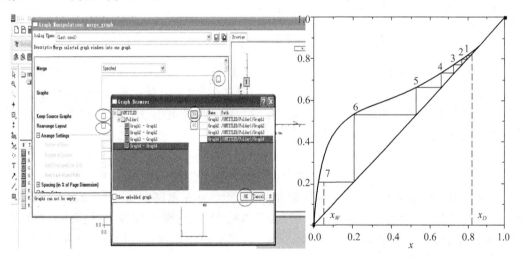

图 3 - 23　合并图层　　　　　　　图 3 - 24　图解法计算理论板数阶梯图

第4章 化工实验室常用仪器的使用

4.1 AI 人工智能工业调节器

在化工原理的精馏实验装置、孔道干燥实验装置、离心泵性能测定实验装置和传热实验装置中,使用最多的仪表是 AI 人工智能工业调节器。

4.1.1 AI 人工智能工业调节器的功能

AI 人工智能工业调节器适合温度、压力、流量、液位、湿度等的精确控制,通用性强,采用先进的模块化结构,可提供丰富的输入、输出规格。也就是说,同样一块调节器,设置参数不同,其功能也就不同。AI 人工智能工业调节器使用人工智能调节算法,无超调,具备自整定(AT)功能,是一种技术先进的免维护仪表。

4.1.2 AI 人工智能工业调节器型号定义

AI 系列仪表硬件采用了先进的模块化设计,具备 5 个功能模块插座:辅助输入、主输出、报警、辅助输出及通信。模块可以与仪表一起购买,也可以分别购买、自由组合。仪表的输入方式可自由设置为常用的各种热电偶、热电阻和线性电压(电流)。AI 系列人工智能调节器的型号共由 8 部分组成,例如:

$$\underset{①}{AI-808} \quad \underset{②}{A} \quad \underset{③}{N} \quad \underset{④}{X3} \quad \underset{⑤}{L5} \quad \underset{⑥}{N} \quad \underset{⑦}{S4-24VDC}$$

其含义为:①基本功能为 AI-808 型;②面板尺寸为 A 型(96 mm × 96 mm);③辅助输入(MIO)没有安装模块;④主输出(OUTP)安装 X3 线性电流输出模块;⑤报警(ALM)安装 L5 双路继电器触点输出模块;⑥辅助输出(AUX)没有安装模块;⑦通信(COMM)装有自带隔离电源的光电隔离型 RS485 通信接口 S4;⑧供电电源为 24 V DC 电源。

其基本功能主要分以下 4 类:

(1)AI-708:基本型,0.2 级精度的 AI 人工智能工业调节器,具有多种报警模式及变送、通信等功能;

(2)AI-708P:程序型,在 AI-708 基础上增加 50 段时间程序控制功能;

(3)AI-808:功能增强型,在 AI-708 基础上增加手动/自动无扰动切换、阀门电机控制等功能;

(4)AI-808P:在 AI-808 基础上增加 50 段时间程序控制功能。

4.1.3 AI 人工智能工业调节器面板说明

AI 人工智能工业调节器控制面板如图 4-1 所示。

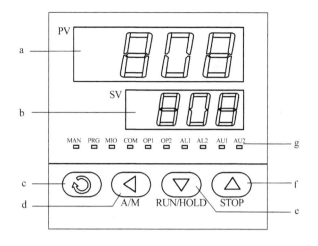

图4-1　AI人工智能工业调节器控制面板说明

a-测量值显示窗；b-给定值显示窗；c-设置键；d-数据移位(兼手动/自动切换)；
e-数据减少键(兼程序运行/暂停操作)；f-数据增加键(兼程序停止操作)；g-10个LED指示灯

10个LED指示灯含义分别如下：MAN灯，手动调节指示灯，当AI-808/808P处于手动状态下时该灯亮，PRG灯，对于AI-708P/808P此灯亮表示程序运行(run)，闪动表示程序处于暂停(Hold)或准备(rdy)状态此灯，灭表示处于停止状态；COM灯，当仪表与上位机通信时，此灯闪动；MIO，OP1，OP2，AL1，AL2，AU1，AU2分别表示对应的MIO，OUTP，ALM及AUX等模块动作与否的指示。

当OUTP安装X或X4线性电流输出模块时，OP1/OP2在线性电流输出时通过亮暗变化反映输出电流的大小。当OUTP安装K5单相移相可控硅触发模块时，OP2亮表示外部电源接通，OP1通过亮暗变化反映移相触发输出大小。

4.1.4　AI人工智能工业调节器显示状态

演示流程如图4-2所示。调节器上电后，将进入显示状态①，显示窗口显示测量值(PV)，下显示窗口显示给定值(SV)。对于AI-808/808P，按键可切换到显示状态②，此时显示窗口显示输出值。状态①、状态②同为调节器的基本状态，在基本状态下，SV窗口能用交替显示的字符来表示系统某些状态：

(1)闪动显示"orAL"：表示输入的测量信号超出量程(传感器规格设置错误、输入断线或短路均可能引起)。此时仪表将自动停止控制，并将输出设置为0。

(2)闪动显示"HIAL""LoAL""dHAL"或"dLAL"：分别表示发生了上限报警、下限报警、正偏差报警和负偏差报警。同时，报警闪动的功能是可以关闭的。

(3)闪动显示"StoP""HoLd"和"rdy"：分别表示程序处于停止状态、暂停状态和准备状态，该显示仅适用于AI-708P/808P，当程序正常运行时(run状态)无闪动字符。

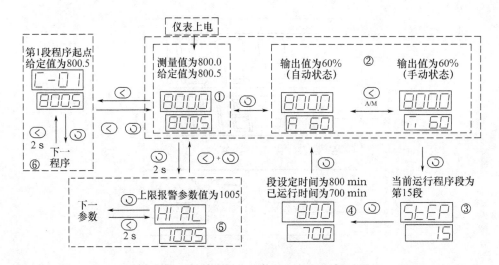

图 4 – 2　AI 人工智能工业调节器演示流程

注意　不是所有型号的调节器都有图 4 – 2 描述的全部显示状态,依据功能不同,AI – 708 只有①和⑤两种显示状态,AI – 808 有①②⑤三种显示状态,AI – 708P 有①③④⑤⑥五种显示状态,而 AI – 808P 则具备以上所有显示状态。

4.1.5　AI 人工智能工业调节器基本操作

1.显示切换

按 c 键可以切换不同的显示状态:AI – 808 可在①②两种显示状态下切换,AI – 708P 可在①③④等三种显示状态下切换,AI – 808P 可在①②③④等四种显示状态下切换,AI – 708 只显示状态①,无须切换。

2.修改数据

如果参数锁没有锁上,调节器下显示窗口显示的数值除 AI – 808/808P 的自动输出值及 AI – 708P/808P 的已运行时间和给定值不可直接修改外,其余数据均可通过按 d 键、e 键或 f 键来修改下显示窗口显示的数值。例如:需要设置给定值时(AI – 708/808),可将仪表切换到显示状态①,即可通过按 d 键、e 键或 f 键来修改给定值。调节器同时具备数据快速增减法和小数点移位法。按 e 键减小数据,按 f 键增加数据,可修改数值位的小数点同时闪动(如同光标)。按键并保持不放,可以快速地增加/减少数值,并且速度会随小数点的右移自动加快(3 级速度)。而按 d 键则可直接移动修改数据的位置(光标),操作快捷。

3.设置参数

在基本状态(显示状态①或②)下按 c 键并保持约 2 s,即进入参数设置状态(显示状态⑤)。在参数设置状态下按 c 键,仪表将依次显示各参数,例如上限报警值"HIAL"、参数锁"Loc"等。对于配置好并锁上参数锁的仪表,只出现操作工需要用到的参数(现场参数)。用 d 键、e 键或 f 键等键可修改参数值。按 d 键并保持不放,可返回显示上一参数。先按 d 键不放接着再按 c 键可退出设置参数状态。如果没有按键操作,约 30 s 后会自动退出设置参数状态。如果参数被锁上,则只能显示被定义的现场参数(可由用户定义的或工作现场经常需要使用的参数及程序),而无法看到其他的参数。不过,至少能看到"Loc"参数显示出来。

4.1.6 计算机与仪表间的通信

AI 人工智能工业调节器可在 COMM 位置安装 S 或 S4 型 RS485 通信接口模块,通过计算机可实现对仪表的各项操作及功能。计算机需要加一个 RS232C/RS485 转换器,无中继器时最多可直接连接 64 台仪表,加 RS485 中继器后最多可连接 100 台仪表。注意每台仪表应设置不同的地址。AI 仪表在上位计算机、通信接口或线路发生故障时,仍能保持仪表本身的正常工作。

4.2 酸 度 计

酸度计,又称 pH 酸度计或者 pH 计,是利用溶液的电化学性质测量氢离子浓度以确定溶液酸碱度的传感器,配上相应的离子选择电极也可以测量离子电极电位 mV 值。酸度计被广泛应用于环保、污水处理、科研、制药、发酵、化工、养殖、自来水等领域。该仪器也是食品厂、饮用水厂进行质量控制 QS、危害分析和关键控制点 HACCP 认证的必备检验设备。

4.2.1 酸度计的工作原理

酸度计通常用电位法进行测量,用一个恒定电位的参比电极和指示电极(玻璃电极)组成一个原电池,而这个原电池的电位就是玻璃电极电位和参比电极电位的代数和,如图 4－3 所示。酸度计的参比电极电位稳定,在温度保持稳定的情况下,溶液和电极所组成的原电池的电位变化只与玻璃电极的电位有关,而玻璃电极的电位取决于待测溶液的 pH 值,因此通过对电位的变化进行测量就可以得出溶液的 pH 值。

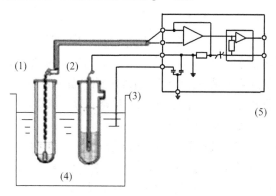

图 4－3 酸度计构成原理
(1)指示电极;(2)参比电极;(3)KCL 补充口;
(4)待测溶液;(5)pH 值转换器

原电池是一个系统,它的作用是使化学反应能转变成为电能。此电池的电压被称为电动势(EMF)。此电动势由两个半电池构成:其中一个半电池称指示电极,它的电位与特定的离子活度有关,如 α_{H^+};另一个半电池为参比半电池,通常称参比电极,它一般与测量溶液相通,并且与测量仪表相连。此二种电极之间的电压遵循能斯特(NERNST)公式:

$$E = E_0 + \frac{RT}{nF}\ln\alpha_{H_3O^+} \qquad\qquad (4-1)$$

式中　E——电位;

　　　E_0——电极的标准电压(不固定的常数);

　　　R——摩尔气体常数(8.314 39 J/(mol·K));

　　　$\ln(\alpha_{H_3O^+})$——水合氢离子活度 $\alpha_{H_3O^+}$ 的对数;

　　　T——开氏绝对温度(例:20 ℃相当于293.15 K(273.15 + 20 = 293.15));

　　　F——法拉弟常数(964 93 C/mol);

　　　n——被测离子的化合价(例:银离子 = 1,氢离子 = 1)。

温度 T 作为变量,在能斯特公式中起很大作用。随着温度的上升,电位值将随之增大。温度每变化1 ℃,将引起电位变化0.2 mV,用 pH 值来表示则变化0.003 3pH 值。

这也就是说:对于 20~30 ℃和 pH 值为 7 左右的测量不需要对温度变化进行补偿;而对于温度大于 30 ℃或小于 20 ℃和 pH 值大于 8 或小于 6 的应用场合则必须对温度变化进行补偿。

4.2.2　酸度计的构成

酸度计由三个部件构成,简单地说就是由电极和电流计组成的。

1. 一个参比电极

对溶液中氢离子活度无响应,具有已知和恒定的电极电位的电极被称为参比电极。参比电极的基本功能是维持一个恒定的电位,作为测量各种偏离电位的对照。参比电极有硫酸亚汞电极、甘汞电极和银/氯化银电极等几种,最常用的是甘汞电极和银/氯化银电极。

2. 一个玻璃电极(又称指示电极)

玻璃电极的功能是建立一个对所测量溶液的氢离子活度发生的变化作出反应的电位差。把对 pH 值敏感的电极和参比电极放在同一溶液中,就组成了一个原电池。如果温度恒定,这个电池的电位随待测溶液的 pH 值变化而变化,而测量 pH 计中的电池产生的电位是困难的,因其电动势非常小,且电路的阻抗又非常大 1~100 MΩ。因此,必须把信号放大,使其足以推动标准毫伏表或毫安表。

玻璃电极一般由玻璃支杆、玻璃膜、内参比溶液、内参比电极、电极帽、电线等组成。玻璃支杆由特殊成分组成的对氢离子敏感的玻璃膜组成。玻璃膜一般呈球泡状,球泡内充入内参比溶液(中性磷酸盐和氯化钾的混合溶液),插入内参比电极(一般用银/氯化银电极),用电极帽封接引出电线,装上插口,即成为一支 pH 指示电极。市场销售的最常见的指示电极是"231"型玻璃电极。

把 pH 玻璃电极和参比电极组合在一起的电极就是 pH 复合电极,根据外壳材质的不同,分塑壳和玻璃两种;根据是否补充 KCl 溶液,分为可充式和非可充式两种。pH 复合电极主要由电极球泡、玻璃支持杆、内参比电极、内参比溶液、外壳、外参比电极、外参比溶液、液接界、电极帽、电极导线、插口等组成。其最大的好处是使用方便。

3. 一个电流计

电流计的功能就是将原电池的电位放大若干倍。放大了的信号通过电表显示出来,电表指针偏转的程度表示其推动的信号的强度。为了使用上的需要,pH 电流表的表盘刻有相应的 pH 数值,而数字式 pH 计则直接以数字显示出 pH 值。

4.2.3　酸度计的分类

1.根据仪器精度分类

根据仪器精度,酸度计可分为 0.2 级、0.1 级、0.02 级、0.01 级和 0.001 级。数字越小,精度越高。

2.根据读数指示方式分类

根据读数指示方式,酸度计可分为指针式和数字显示式两种。指针式 pH 计现在已经很少使用,但其能够显示数据的连续变化过程,因此在滴定分析中还有使用。

3.根据元器件类型分类

根据元器件类型,酸度计可分为晶体管式、集成电路式和单片机微电脑式。现在更多的是使用微电脑芯片,大大减小了仪器体积和单机成本,但芯片的开发成本很贵。

4.根据应用场合分类

根据应用场合,酸度计可分为笔式 pH 计、便携式 pH 计、实验室 pH 计和工业 pH 计等。笔式 pH 计主要用于代替 pH 试纸,具有精度低、使用方便的特点;便携式 pH 计主要用于现场和野外测试,要求较高的精度和完善的功能;实验室 pH 计是一种台式高精度分析仪表,要求精度高、功能全,具有打印输出、数据处理等功能。

4.2.4　酸度计面板说明(PHS-3C)

PHS-3C 酸度计面板如图 4-4 所示。

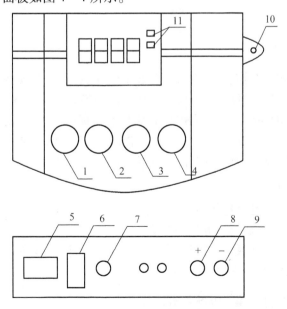

图 4-4　PHS-3C 型酸度计面板图

1—温度调节旋钮;2—斜率调节旋钮;3—定位旋钮;4—选择旋钮;5—电源插座(220 V AC);

6—电源开关;7—保险丝座(0.1 A);8—参比电极接线柱;

9—测量电极插座;10—电极杆孔;11—指示灯

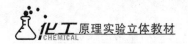

4.2.5　酸度计的操作步骤(PHS-3C)

1.仪器使用前的准备

在电极未连接到仪器之前,仪器输入端必须连接短路插头,使仪器输入端短路,以保护前置转换器。

首先把电极杆插入仪器右侧电极杆孔内旋紧,然后把塑料电极夹孔对准装在电极杆上,拔去电极保护套,把电极固定在电极夹上,然后旋去输入端短路插头,旋上电极插头。短路插头在不用时应妥善保管好,仪器使用完毕再旋上。电极下端的玻璃球泡壁较薄,当心不要碰坏。

2.两点标定法

接通电源开关,置选择旋钮于"pH"挡或"mV"挡,使仪器预热10 min,然后准备标定。一般使用两点标定法,用两种已知pH值的缓冲溶液(如pH值为6.86,pH值为4或pH值为6.86,pH值为9.18)。

(1)斜率调节旋钮顺时针旋到底,旋转温度调节旋钮使所指的温度与溶液温度相同,并摇动试杯使溶液均匀;

(2)把电极插入已知pH值为6.86的缓冲溶液,旋转定位旋钮,使仪器的指示值为该缓冲溶液所在温度相应的pH值(pH值为6.86);

(3)用蒸馏水清洗电极玻璃球泡,并用滤纸吸干,把电极插入另一已知pH值的缓冲溶液(pH值为4或pH值为9.18)并摇动试杯使溶液均匀;

(4)旋转斜率调节旋钮,使仪器的指示值为溶液所在温度相应的pH值(pH值为4或pH值为9.18)。

重复步骤(2)至步骤(4),直到达到要求为止。经标定的仪器的定位旋钮与斜率调节旋钮不应再有变动。

3.测量pH值

(1)被测溶液与定位溶液温度相同时,定位旋钮保持不变,用蒸馏水清洗电极球泡并用滤纸吸干,把电极插入被测溶液中,摇动试杯使溶液均匀后读出该溶液的pH值;

(2)被测溶液与定位溶液温度不相同时,定位旋钮保持不变,用蒸馏水清洗电极球泡并用滤纸吸干,用温度计测出被测溶液温度,旋转温度调节旋钮,使之指示在被测溶液的温度上,把电极插入被测溶液中,摇动试杯使溶液均匀后读出该溶液的pH值。

4.测量电极电位mV值

(1)接上适当的离子选择电极;

(2)用蒸馏水清洗电极球泡,并用滤纸吸干;

(3)把电极插入被测溶液中,摇动试杯使溶液均匀后读出该离子选择电极的电极电位(mV值),并自动显示极性。

4.2.6　酸度计的校准(PHS-3C)

在技术条件规定下,接通电源预热10 min。

1."mV"挡校准(用电位差计校验)

(1)连接上输入端短路插头,置选择开关于"mV"挡,此时仪器读数应为±0,若不为0,

则可调节印刷电路板上 W1 电位器,令其读数为 ±0;

　　(2)电极插头改插 Q9 带连线插头,并接上电位差计;

　　(3)输入 ±1 900 mV,观察仪器读数是否相符,如不相符可调节印刷电路板上 W6 电位器,令其误差在 ±1 之内。

　　2."pH"挡校准

　　用电位差计校验,可按表 4 - 1 输入电压值,测量电极输入端芯线接负,参比电极线柱接正,温度调节旋钮指向 30 ℃,斜率调节旋钮指向 100% 。

表 4 - 1　pH - 电压值关系对照表

pH 值	电压/mV	pH 值	电压/mV	pH 值	电压/mV	pH 值	电压/mV
0.00	421.05	4.00	180.45	8.00	−60.15	12.00	−300.75
1.00	360.90	5.00	120.30	9.00	−120.30	13.00	−360.90
2.00	300.75	6.00	60.15	10.00	−180.45	14.00	−421.05
3.00	240.60	7.00	0.00	11.00	−240.60		

　　当电位差计输出信号为 −421.05 mV 时,仪器显示的 pH 值应为 13.99,如不相符可调节印刷电路板上 W4 电位器,使仪器显示的 pH 值为 13.99;电位差计输出信号为 +421.05 mV 时,仪器显示的 pH 值应为 0.01。

4.3　气相色谱仪

　　气相色谱仪在石油、化工、生物化学、医药卫生、食品工业、环保等方面应用很广。除用于定量和定性分析外,它还能测定样品在固定相上的分配系数、活度系数、相对分子质量和比表面积等物理化学常数,是一种对混合气体中各组成成分进行分析检测的仪器。

4.3.1　色谱法概述

　　色谱法(chromatography)利用不同物质在不同相态的选择性分配,以流动相对固定相中的混合物进行洗脱,混合物中不同的物质会以不同的速度沿固定相移动,最终达到分离的效果,是一种利用混合物中各组分在两相间的分配原理以获得分离的方法。色谱法又叫"色谱分析""色谱分析法""层析法",是一种分离和分析方法,在分析化学、有机化学、生物化学等领域有着非常广泛的应用。

　　色谱法有多种类型,从不同角度出发,有各种分类法。

　　按流动相的物态,色谱法可分为气相色谱法(流动相为气体)和液相色谱法(流动相为液体);按固定相的物态,色谱法又可分为气固色谱法(固定相为固体吸附剂)、气液色谱法(固定相为涂在固体担体上或毛细管壁上的液体)、液固色谱法和液液色谱法等。

　　按固定相的几何形式,色谱法可分为柱色谱法(固定相装在色谱柱中,有填充柱和毛细管柱两种)、纸色谱法(滤纸为固定相)、薄层色谱法(将吸附剂粉末制成薄层做固定相)和高分子薄膜色谱法(将高分子材料制成薄膜做固定相)等,后四种又称平面色谱法。

按分离原理,色谱法可分为吸附色谱法(利用吸附剂表面对不同组分的物理吸附性能的差异进行分离)、分配色谱法(利用不同组分在两相中有不同的分配系数来进行分离)、离子交换色谱法(利用离子交换原理)和尺寸排阻色谱法(利用多孔性物质对不同大小分子的排阻作用)等。

4.3.2 气相色谱仪的组成

载气(指不与被测物作用,用来载送试样的惰性气体,如氢、氮等)载着欲分离的试样通过色谱柱中的固定相,使试样中各组分分离,然后分别检测。其结构如图4-5所示。载气由高压钢瓶1供给,经减压阀2减压后,进入载气净化干燥管3以除去载气中的水分。由针形阀4控制载气的压力和流量。流量计5和压力表6用以指示载气的柱前流量和压力。再经过进样器7(包括气化室),试样就在进样器注入(如为液体试样,经气化室瞬间气化为气体),由不断流动的载气携带试样进入色谱柱8,将各组分分离,各组分依次进入检测器9后放空。检测器信号由记录仪10记录。

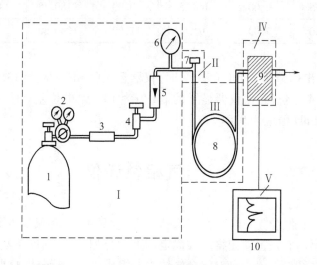

图4-5 气相色谱仪结构图

1—高压钢瓶;2—减压阀;3—载气净化干燥管;4—针形阀;5—流量计;6—压力表;
7—进样阀;8—色谱柱;9—检测器;10—记录仪

4.3.3 气相色谱分离条件的选择

1. 载气及流速

对一定的色谱柱和试样,有一个最佳的载气流速,此时柱效最高。

$$流速\ u_{最佳} = \sqrt{\frac{B}{C}} \tag{4-2}$$

$$塔板高度\ H_{最小} = A + 2\sqrt{BC} \tag{4-3}$$

在实际工作中,为了缩短分析时间,往往使流速稍高于最佳流速。

当流速较小时,分子扩散项(B)就成为色谱峰扩张的主要因素,此时应采用相对分子质量较大的载气(N_2,Ar),使组分在载气中有较小的扩散系数;而当流速较大时,传质项(C)

为控制因素,宜采用相对分子质量较小的载气(H_2He),此时组分在载气中有较大的扩散系数,可减小气相传质阻力,提高柱效。选择载气时还应考虑对不同检测器的适应性。

对于填充柱,N_2的最佳实用线速为 10 ~ 12 cm/s,H_2的最佳实用线速为 15 ~ 20 cm/s。通常载气的流速习惯上用柱前的体积流速(单位 mL/min)来表示,也可通过皂膜流量计在柱后进行测定。若色谱柱内径为 3 mm,N_2的流速一般为 40 ~ 60 mL/min,H_2的流速为 60 ~ 90 mL/min。

2. 柱温

柱温是一个重要的操作变数,直接影响分离能效和分析速度。柱温不能高于固定液的最高使用温度,否则固定液将挥发流失。提高柱温使各组分挥发靠拢,不利于分离,应采用较低柱温,但不宜过低。

柱温的选择原则是:在使最难分离的组分能尽可能好地分离的前提下,尽可能采取较低的柱温,但以保留时间适宜、峰形不拖尾为度。具体操作条件的选择应根据不同的实际情况而定。

对于高沸点混合物(300 ~ 400 ℃),希望在较低的柱温(低于其沸点 100 ~ 200 ℃)下分析。为了改善液相传质速率,可用低固定液含量(质量分数 1% ~ 3%)的色谱柱,使液膜薄一些,但允许最大进样量减小,因此应采用高灵敏度检测器。

对于沸点不太高(200 ~ 300 ℃)的混合物,可在中等柱温下操作,固定液质量分数 5% ~ 10%,柱温比其平均沸点低 100 ℃。

对于沸点在 100 ~ 200 ℃ 的混合物,柱温可选在其平均沸点 2/3 左右,固定液质量分数 10% ~ 15%。

对于气体、气态烃等低沸点混合物,柱温应选在其沸点或沸点以上,以便能在室温或 50 ℃ 以下分析。固定液质量分数一般为 15% ~ 25%。

对于沸点范围较宽的试样,宜采用程序升温(programmed temperature)。

3. 进样时间和进样量

进样速度必须很快,一般用注射器或进样阀进样时,进样时间都在 1 s 以内。若进样时间过长,试样原始宽度变大,半峰宽必将变宽,甚至使峰变形。

进样量一般是比较少的。液体试样一般进样 0.1 ~ 5 μL,气体试样一般进样 0.1 ~ 10 mL。进样量太多,会使几个峰叠在一起,分离不好;进样量太少,又会使含量少的组分因检测器灵敏度不够而不出峰。允许的最大进样量,应控制在峰面积或峰高与进样量呈线性关系的范围内。

4. 汽化温度

进样后要有足够的汽化温度,使液体试样迅速汽化后被载气带入柱中。在保证试样不分解的情况下,适当提高汽化温度对分离及定量有利,尤其当进样量大时更是如此。一般选择的汽化温度比柱温高 30 ~ 70 ℃。

4.3.4 气相色谱检测器

检测器的作用是将经色谱柱分离后的各组分按其特性及含量转换为相应的电信号。因此,检测器是检知和测定试样的组成及各组分含量的部件,是气相色谱仪的主要组成部分。

根据检测原理的不同,可将检测器分为浓度型检测器(concentration sensitive detector)和质量型检测器(mass flow rate sensitive detector)两种。

浓度型检测器测量的是载气中某组分浓度瞬间的变化,即检测器的响应值和组分的浓度成正比,如热导池检测器(TCD)和电子捕获检测器(ECD)等。

质量型检测器测量的是载气中某组分进入检测器的速度变化,即检测器的响应值和单位时间内进入检测器的某组分的质量成正比,如氢火焰离子化检测器(FID)和火焰光度检测器(FPD)等。

4.3.5　气相色谱定量分析方法

在一定操作条件下,分析组分 i 的质量 m_i 或其在载气中的浓度是与检测器的响应信号(色谱图上表现为峰面积 A_i 或峰高 h_i)成正比的,可写作

$$m_i = f_i' \cdot A_i \qquad (4-4)$$

式中 f_i' 为绝对质量校正因子,也就是单位峰面积所代表的物质质量,主要由仪器的灵敏度所决定,它既不易准确测定,也无法直接应用。所以,在定量工作中都是用相对校正因子,即某物质与一标准物质的绝对校正因子之比值,平常所指及文献查得的校正因子都是相对校正因子,相对二字通常略去。

这就是色谱定量分析的依据。由式(4-4)可知,在定量分析中需要:①准确测量峰面积;②准确求出比例常数(称定量校正因子);③根据式(4-4)正确选用定量计算方法,将测得的组分的峰面积换算为质量分数。

色谱定量分析是基于被测物质的含量与其峰面积的正比关系的。但是由于同一检测器对不同的物质具有不同的响应值,两个相等含量的物质出的峰面积往往不相等,这样就不能用峰面积来直接计算物质的含量。为了使检测器产生的响应信号能真实地反映出物质的含量,就要对响应值进行校正,因此引入定量校正因子(quantitative calibration factor)。

1. 定量校正因子

(1)质量校正因子 f_m

这是最常用的一种定量校正因子,即

$$f_m = \frac{f_{i(m)}'}{f_{s(m)}'} = \frac{A_s m_i}{A_i m_s} \qquad (4-5)$$

式中,下标 i,s 分别代表被测物和标准物质。

(2)摩尔校正因子 f_M

如果以摩尔数计量,则

$$f_M = \frac{f_{i(M)}'}{f_{s(M)}'} = \frac{A_s m_i M_s}{A_i m_s M_i} = f_m \cdot \frac{M_s}{M_i} \qquad (4-6)$$

式中,M_i,M_s 分别为被测物和标准物质相对分子质量。

(3)体积校正因子 f_V

如果以体积计量(气体试样),则体积校正因子就是摩尔校正因子,这是因为 1 mol 任何气体在标准状态下其体积都是 22.4 L。

$$f_V = \frac{f_{i(V)}'}{f_{s(V)}'} = \frac{A_s m_i M_s \times 22.4}{A_i m_s M_i \times 22.4} = f_M \qquad (4-7)$$

对于气体分析,使用摩尔校正因子可得体积分数。

校正因子的测定方法:准确称量被测组分和标准物质,混合后,在实验条件下进样分析(注意进样量应在线性范围之内),分别测量相应的峰面积,由式(4-5)和式(4-6)计算质量校正因子和摩尔校正因子。如果数次测量数值接近,可取其平均值。

2. 常用定量计算方法

(1)归一化法(normallization method)

当试样中各组分都能流出色谱柱,并在色谱图上显示色谱峰时,可用此法进行定量计算。

假设试样中有 n 个组分,每个组分的质量分别为 $m_1, m_2, \cdots, m_n$,各组分质量的总和 m 为100%,其中组分 i 的质量分数 w_i 可按下式计算:

$$w_i = \frac{m_i}{m} \times 100\% = \frac{m_i}{m_1 + m_2 + \cdots + m_i + \cdots + m_n} \times 100\%$$
$$= \frac{A_i f_i}{A_1 f_1 + A_2 f_2 + \cdots + A_i f_i + \cdots + A_n f_n} \times 100\% \tag{4-8}$$

若 f_i 为质量校正因子,得质量分数;若 f_i 为摩尔校正因子,则得摩尔分数或体积分数(气体)。

若各组分的 f 值相近或相同,例如同系物中沸点接近的各组分,则式(4-8)可简化为

$$w_i = \frac{A_i}{A_1 + A_2 + \cdots + A_i + \cdots + A_n} \times 100\% \tag{4-9}$$

归一化法的优点是简便、准确,当操作条件如进样量、流速等变化时,对结果影响小。

(2)内标法(internal standard method)

当只需测定试样中某几个组分,而且试样中所有组分不能全部出峰时,可采用此法。所谓内标法是将一定量的纯物质作为内标物加入到准确称取的试样中,根据被测物和内标物的质量及其在色谱图上相应的峰面积比求出某组分的含量。例如,要测定试样中组分 i(质量为 m_i)的质量分数 w_i,可于试样中加入质量为 m_s 的内标物,试样质量为 m,则

$$w_i = \frac{m_i}{m} \times 100\% = \frac{A_i f_i}{A_s f_s} \cdot \frac{m_s}{m} \times 100\% \tag{4-10}$$

一般常以内标物为基准,则 $f_s = 1$,此时计算可简化为

$$w_i = \frac{m_i}{m} \times 100\% = \frac{A_i}{A_s} \cdot \frac{m_s}{m} \cdot f_i \times 100\% \tag{4-11}$$

由式(4-11)可以看到,本法是通过测量内标物及欲测组分的峰面积的相对值来进行计算的,由于操作条件变化而引起的误差都将同时反映在内标物及欲测组分上而得到抵消,所以可得到较准确的结果,这是内标法的主要优点。

(3)外标法(又称定量进样-标准曲线法)(external standard method)

所谓外标法就是应用欲测组分的纯物质来制作标准曲线,这与分光光度分析中的标准曲线法是相同的。此时用欲测组分的纯物质加稀释剂(对液体试样用溶剂稀释,对气体试样用载气或空气稀释)配成不同质量分数的标准溶液,取固定量标准溶液进样分析,从所得色谱图上测出响应信号(峰面积或峰高等),然后绘制响应信号(纵坐标)对质量分数(横坐标)的标准曲线。分析试样时,取和制作标准曲线时同样量的试样(固定量进样),测得该试样的响应信号,由标准曲线即可查出其质量分数。

此法的优点是操作简单、计算方便,但结果的准确度主要取决于进样量的重现性和操作条件的稳定性。

当被测试样中各组分浓度变化范围不大时(工厂控制分析往往是这样的),可不必绘制标准曲线,而用单点校正法,即配制一个和被测组分含量十分接近的标准溶液,定量进样,由被测组分和外标组分峰面积比或峰高比来求被测组分的质量分数。

$$w_i = \frac{A_i}{A_s}w_s = K_i \cdot A_i \tag{4-12}$$

式中,K_i 为组分 i 的单位面积质量分数校正值。测得 A_i,乘以 K_i 即得被测组分的质量分数。此法假定标准曲线是通过坐标原点的直线,因此可由一点决定这条直线,即直线的斜率,因而称之为单点校正法。

4.3.6 气相色谱仪 GC-SP6800A 使用方法

1. 热导池检测器的使用

(1)先通载气。调节两个载气支路稳流阀,使热导放空处流量一致。

(2)打开电源开关,选择桥流及衰减。

(3)设定柱室、汽化室及热导温度,启动加热。

(4)待恒温后(恒温灯亮),打开记录仪,用仪器面板上的 TCD 调零电位器(粗调和细调)将基线调至 0.5 mV 处,待基线稳定后进行分析。

(5)使用针管注射器,每次进样量 0.5 μL。

2. 氢焰检测器的使用

(1)通气。利用各自的调节阀,将 N_2、H_2、空气调至所需流量,一般 N_2 选用 25~60 mL/min,H_2 选用 25~50 mL/min,空气选用 450~550 mL/min。

(2)打开电源开关,选择合适的灵敏度挡及输出衰减,用面板下方的 FID 调零电位器(粗调和细调)调至记录仪 0.5 mV 处。

(3)设置汽化室、氢焰检测室及柱室温度,并启动加热。

(4)加快 H_2 流速,在氢焰出口处用电子点火枪点火,点火后仍将 H_2 恢复原值。点火后,基线偏离,可用 FID 调零电位器(粗调和细调)调至记录仪原处。

(5)在分析条件下(气体流速、放大器挡位、温度)放大器基线稳定后,方可进行分析。

4.4 变频器

变频器是利用电力半导体器件的通断作用将工频电源变换为另一频率的电能控制装置。现在使用的变频器主要采用交-直-交方式(VVVF 变频或矢量控制变频),先把工频交流电源通过整流器转换成直流电源,然后再把直流电源转换成频率、电压均可控制的交流电源以供给电动机。变频器的电路一般由整流、中间直流环节、逆变和控制 4 个部分组成。西门子 MICROMASTER 420 通用型变频器适合用于各种变速驱动装置,电源电压为三相交流(或单相交流),具有现场总线接口的选件,使用方便,内置 PI 控制器,适合用于水泵、风机和传送带系统的驱动装置。在化工实验中,一般不需要更改变频器的内部参数,仅在控制面板上进行普通操作实现对电机的控制即可。

4.4.1 变频器面板说明

变频器面板(BOP板)如图4-6所示。

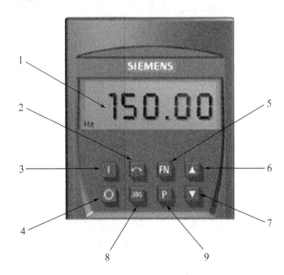

图4-6 变频器面板示意图
1—显示区域;2—反转键;3—启动键;4—停止键;5—功能键;6—增加键;
7—减少键;8—点动键;9—确认键

4.4.2 变频器面板操作步骤

(1)电机的参数已经设置完成并保存于变频器内部的记忆芯片中,因此启动变频器时无需对电机的参数再进行设置。

(2)对于手动控制模式(即用变频器的面板按钮进行控制),须将变频器参数P700和P1000设为1。具体操作如下:按编程键"P",数码管显示"r000",按"△"键直到显示"P700",按"P"键显示旧的设定值,按"△"或"▽"键直到显示为"1",按"P"键将新的设定值输入,再按"△"键直到显示"P1000",按"P"键显示旧的设定值,按"△"或"▽"键直到显示为"1"。按"P"键将新的设定值输入,按"▽"键返回到"P000",按"P"键退出,即完成设定,可投入运行。此时显示器将交替显示"0.00"和"5.00"。然后再按启动键,即可启动变频器,按"△"键可增加频率,按"▽"键可降低频率,按停止键则停止变频器。

(3)对于远程控制模式(即通过计算机控制变频器),须将变频器参数P700和P1000设为5,具体操作参考手动控制部分。完成设定后,可投入运行。但此时显示器只显示"0.00",等待计算机发过来的指令。

4.4.3 变频器操作示例

以将变频器调到35 Hz为例。

(1)按运行键(BOP板上绿色按键),启动变频器,几秒后,液晶面板上将显示"50.00"或"5.00",表示当前频率为50 Hz或5 Hz。

（2）按"△"键可增加频率,液晶面板上数值开始增加,直到显示为"35.00"为止。
（3）按停止键（BOP 板上红色按键）停止变频器。

4.5 变截面式流量计（转子流量计）

4.5.1 转子流量计的构造和测量原理

转子流量计的构造,是在一根截面积自下而上逐渐扩大的垂直锥形玻璃管内,装有一个能够旋转自如的由金属或其他材质制成的转子（或称浮子）,如图 4 - 7 所示。被测流体从玻璃管底部进入,从顶部流出。图 4 - 8 为转子流量计转子受力分析。当流体自下而上流过垂直的锥形管时,转子受到两个力的作用:一个是垂直向上的推动力,它等于流体流经转子与锥管间的环形截面所产生的压力差;另一个是垂直向下的净重力,它等于转子所受的重力减去流体对转子的浮力。当流量加大,使压力差大于转子的净重力时,转子就上升;当压力差与转子的净重力相等时,转子处于平衡状态,即停留在一定位置上。在玻璃管外表面上刻有读数,根据转子的停留位置即可读出被测流体的流量。

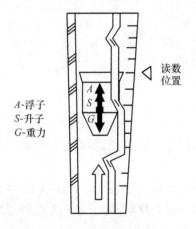

图 4 - 7 转子流量计的构造

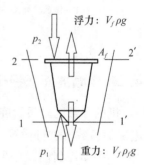

图 4 - 8 转子流量计转子受力分析

4.5.2 流量方程

转子流量计是变截面定压差流量计。作用在浮子上游、下游的压力差为定值,而浮子与锥管间的环形的截面积随流量而变。浮子在锥形管中的位置高低即反映流量的大小。

设 V_f 为转子的体积,A_f 为转子最大直径处的截面积,ρ_f 为转子材料的密度,ρ 为被测流体的密度。如图 4 - 8 所示,设上游环形截面为 1 - 1′,下游环形截面为 2 - 2′,则流体流经环形截面所产生的压强差为（$p_1 - p_2$）。当转子在流体中处于平衡状态时,作用于转子下端与上端的压力差等于转子所受的重力减去流体对转子的浮力,即

$$\Delta p A_f = V_f \rho_f g - V_f \rho g = V_f g(\rho_f - \rho)$$

$$p_1 - p_2 = \frac{V_f g(\rho_f - \rho)}{A_f} \qquad (4 - 13)$$

在 $1-1',2-2'$ 两截面间列柏努利方程得

$$Z_1 + \frac{p_1}{\rho g} + \frac{u_1^2}{2g} = Z_2 + \frac{p_2}{\rho g} + \frac{u_2^2}{2g}$$

由于转子的尺寸很小，$Z_1 \approx Z_2$，即 $\frac{p_1}{\rho g} + \frac{u_1^2}{2g} = \frac{p_2}{\rho g} + \frac{u_2^2}{2g}$，所以

$$\frac{p_1 - p_2}{\rho g} = \frac{u_2^2 - u_1^2}{2g} \tag{4-14}$$

将式(4-14)代入式(4-13)，得

$$u_2^2 - u_1^2 = 2g \frac{V_f(\rho_f - \rho)}{A_f \rho} \tag{4-15}$$

设流体的体积流量为 V_s，则 $u_1 = \frac{V_s}{A_1}$，$u_2 = \frac{V_s}{A_R}$。其中，A_1 是截面 $1-1'$ 处的面积，A_R 是截面 $2-2'$ 处的环隙面积。将 u_1，u_2 代入式(4-15)，得

$$\left(\frac{V_s}{A_R}\right)^2 - \left(\frac{V_s}{A_1}\right)^2 = 2g \frac{V_f(\rho_f - \rho)}{A_f \rho}$$

$$V_s^2 = \frac{A_R^2}{1 - \left(\frac{A_R}{A_1}\right)^2} 2g \frac{V_f(\rho_f - \rho)}{A_f \rho}$$

$$V_s = \frac{A_R}{\sqrt{1 - \left(\frac{A_R}{A_1}\right)^2}} \sqrt{2g \frac{V_f(\rho_f - \rho)}{A_f \rho}}$$

由于 A_R 比 A_1 小得多，故

$$\sqrt{1 - \left(\frac{A_R}{A_1}\right)^2} \approx 1$$

$$V_s = A_R \sqrt{2g \frac{V_f(\rho_f - \rho)}{A_f \rho}} \tag{4-16}$$

从式(4-16)可以看出，当用固定的转子流量计测量某流体的流量时，式中的 V_f，A_f，ρ_f 和 ρ 均为定值。求(4-16)没有考虑流体的黏性和形成漩涡而造成的压降，没有考虑转子形状的影响，因而需要加入一个校正系数 C_R，于是式(4-16)可以变为

$$V_s = C_R A_R \sqrt{2g \frac{V_f(\rho_f - \rho)}{A_f \rho}} \tag{4-17}$$

式中，A_R 为转子与玻璃管的环形截面积，单位 m^2；C_R 为转子流量计的流量系数，量纲为1，与 Re 值及转子形状有关，由实验测定或从有关仪表手册中查得。当环隙间的 $Re > 10^4$ 时，C_R 可取0.98。

由式(4-17)可知，对某一转子流量计，在所测量的流量范围内，流量系数 C_R 为常数时，流量只随环形截面积 A_R 而变。玻璃管是上大下小的锥体(锥度4°左右)，所以环形截面积的大小随转子所处的位置而变，因而可用转子所处位置的高低来反映流量的大小。

4.5.3　转子流量计刻度的校正

转子流量计的刻度与被测流体的密度有关。通常在流量计出厂之前，先用水和空气分

别作为标定流量计刻度的介质。当应用于测量其他流体时,需要对流量计原有的刻度加以校正。

假定出厂标定时所用液体与实际工作时的液体的流量系数 C_R 相等,并忽略黏度变化的影响,根据式(4-17),在同一刻度下,两种液体的流量关系为

$$\frac{V_{s2}}{V_{s1}} = \sqrt{\frac{\rho_1(\rho_f - \rho_2)}{\rho_2(\rho_f - \rho_1)}} \qquad (4-18)$$

其中,下标 1 表示出厂标定时所用的液体,下标 2 表示实际工作时的液体。

同理,对用于测量气体的流量计,在同一刻度下,两种气体的流量关系为

$$\frac{V_{s2}}{V_{s1}} = \sqrt{\frac{\rho_{g1}}{\rho_{g2}}} \qquad (4-19)$$

其中,下标 g_1 表示标定时所用气体,下标 g_2 表示实际工作气体。

当压力不太高、温度不太低时,气体的密度可以近似按理想气体状态方程计算,式(4-19)可以被进一步变换为

$$\frac{V_{s2}}{V_{s1}} = \sqrt{\frac{\rho_{g1}}{\rho_{g2}}} = \sqrt{\frac{PM_1}{RT}\frac{RT}{PM_2}} = \sqrt{\frac{M_1}{M_2}} \qquad (4-20)$$

其中,M_1 和 M_2 分别为标定用气体和被测量气体的摩尔质量,单位为 g/mol。

第5章　实验流程设计

5.1　实验流程设计方法

流程设计是实验过程中一项重要的工作内容。化工实验装置是由各种单元设备和测试仪表通过管路、管件和阀门等以系统的、合理的方式组合而成的整体,在掌握实验原理、确定实验方案后,要根据实验原理和实验方案的要求和规定进行流程设计,并根据设计结果搭建实验装置,以完成实验任务。

5.1.1　流程设计的内容

(1)选择主要设备和辅助设备;
(2)确定主要检测点和检测方法;
(3)确定控制点和控制手段。

5.1.2　化工实验流程设计步骤

(1)根据实验原理和任务选择主体设备,然后考虑实验的需要和操作要求确定附属设备;
(2)根据实验原理找出所有的原始变量,由此确定检测点和检测方法,并配置必需的检测仪表;
(3)由实验操作要求确定控制点和控制手段,配置必要的控制和调节装置;
(4)画出实验流程图(主体设备和辅助设备要根据设备的大小和形状画,然后用管线连接,用符号标注检测点并标注设备名称、物料走向等);
(5)对实验流程的合理性做出评价。

5.1.3　实验流程图的基本要求

在化工设计中,通常要求设计人员给出工艺物料流程图(Process Flow Diagram,PFD)和带控制点的管道仪表流程图(Piping and Instrumentation Diagram,PID)。两者都被称为流程图,但既有相同之处,又有所区别。前者包括物流走向和组成、工艺条件、主要设备等,而后者则包括管线系统、检测控制和报警系统等,两者在设计中的作用是不同的。

在化工原理实验中,实验报告则要求给出带控制点的实验装置流程示意图。带控制点的实验装置流程图通常由三部分内容组成:
(1)画出主体设备和附属设备(仪器)示意图;
(2)用标有物流方向的连线(通常指管路)将各设备连接起来;
(3)在相应设备、管路上标注出检测点和控制点。
检测点用代表物理变量的符号加上"I"表示,如用"PI"表示压力检测点,"TI"表示温度

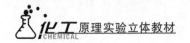

检测点,"F"表示流量检测点。控制点则用代表物理量的符号加上"C"表示。

5.2 常用流程模拟软件

由于化工过程的复杂性,编制程序往往需花费大量的人力和物力,因此国内外许多公司和科研机构对常用的化工操作和设备设计了开发了通用的计算软件。经过多年的努力,目前世界上已有多种针对性很强的商品化流程模拟软件,在化工、石化和炼油行业得到了广泛的应用。下面对三种常用的流程软件分别进行介绍,以期给读者在选用时提供参考。

5.2.1 PRO/Ⅱ

PRO/Ⅱ是一个历史悠久的通用化工稳态流程模拟软件,起源于1967年SimSci公司开发的世界上第一个炼油蒸馏模拟器SP05。1973年,SimSci公司在SP05的基础上推出了流程模拟器。1979年,这个流程模拟软件进一步发展,即为PRO/Ⅱ的前身。PRO/Ⅱ现被广泛地应用在石油化工、工业化工以及工程和制造相关专业,主要用来模拟设计新工艺、评估改变的装置配置、改进现有装置、依据环境规则进行评估和证明、消除装置工艺瓶颈、优化和改进装置产量和效益等。

PRO/Ⅱ软件20世纪80年代进入中国,目前国内已有近千家大型企业和科研院校使用。

1. 物性数据库

PRO/Ⅱ包括2 000多纯组分库、以DIPPR为基础的库、固体性质、1 900多组分/种类电解质库、非库组分、虚拟组分和性质化验描述、用户库、根据结构确定性质、多个化验混合、用于聚合物的VanKrevelen方法。大多数组分都有内置的传递性质关联式,大多模拟都只需要库中的数据即可完成计算,而无须另外的纯组分数据。PRO/Ⅱ用工业标准的方法处理石油组分,通过相对分子质量、沸点和密度中的至少两个量预估其他需要的组分性质数据。PRO/Ⅱ通过粒子尺寸分布和用户定义的属性处理固体物。烃类物流可根据油品评价数据定义。一般这些评价会包括蒸馏数据(实沸点、ASTMD86、ASTMD1160、ASTMD2887)、密度数据和相对分子质量、轻组分数据和炼油性质如倾点、硫含量等数据。PRO/Ⅱ用这些输入数据生成一个或多个离散的虚拟组分序列,用于代表此类物流的组成。

PRO/Ⅱ允许用户定义或覆盖所有组分的性质,亦可以自己定义库中没有的组分。自定义组分的性质可以通过多种途径得到或生成,例如可以从在线组分库中获取,用UNIFAC法以分子结构估算,或输入为non-library组分。用户可以用PRO/Ⅱ中的DATAPREP程序查看和操作纯组分的性质数据,也可以用它生成自定义组分(即non-library组分)的性质数据。当然,还可以通过DATAPREP生成用户自己的纯组分库。涉及混合物时,可以选用PRO/Ⅱ中的3 000多VLE二元作用在线二元参数、300多LLE二元作用在线二元参数、2 200在线共沸混合物用于参数估算。

2. 热力学方法

PRO/Ⅱ拥有强大的热力学物性计算系统,提供了一系列工业标准的方法来计算物系的热力学性质,如K值、焓值、熵值、密度、气相和固相在液相中的溶解度,以及气体逸度等。

主要方法有:①一般关联式,如 CSK 值算法、API 液相密度算法;②状态方程,如 SRK、PR 计算 K 值、焓值、熵值和密度;③液相活度系数模型,如 NRTL 计算 K 值;④气相逸度方法,如 Hayden-O'Connell 法计算二元缔合;⑤特殊组分系统的计算方法,如醇类、甘醇类、酸水系统、气体脱硫系统等;⑥固 – 液平衡方法,如 Van't Hoff 法计算固相在液相中的溶解度。PRO/Ⅱ采用精确的热力学运算定律,模拟蒸气、水成液、有机溶液、固体、固态氢氧化物间的化学平衡,如从 HGK 状态方程中得知水的热焓和体积,从 Meissner 和 Kusik 中得知水化活性,从 Tangert 和 Helgesonk 中得到 $c_p(T)$ 等式。

另外,PRO/Ⅱ的电解质模块还包括很多专门用于处理离子水溶液系统的热力学方法。用户可计算下列传递性质:液相黏度、液相热传导率、液相扩散率、气相黏度及气相热传导率等。另外,还可以计算物流的气液相界面张力。PRO/Ⅱ中包含了很多关联式,用于预测混合物的上述传递性质。PRO/Ⅱ带有数据回归功能,可以将测量的组分或混合物的性质数据回归为 PRO/Ⅱ可以使用的形式。

3. 主要单元操作模型

(1)一般化模型:闪蒸、阀、压缩机/膨胀机、泵、管线、混合器/分离器方面 Mixer/splitter。

(2)精馏模型:Inside/Out、SURE、CHEMDIST 算法、两/三相精馏、四个初值估算器、电解质、反应精馏和间歇精馏、简单模型、液 – 液抽提、填料塔的设计和核算、塔板的设计和核算、热虹吸再沸器。

(3)换热器模型:管壳式、简单式和 LNG 换热器、严格空冷器模型、区域分析、加热/冷却曲线。

(4)反应器模型:转化和平衡反应、活塞流反应器、连续搅拌罐式反应器、在线 FQR-TRAN 反应动力学、吉布斯自由能最小、变换和甲烷化反应器、沸腾釜式反应器、Profimatics 重整和加氢器模型界面、间歇反应器。

(5)聚合物模型:连续搅拌釜反应器、活塞流反应器、薄膜蒸发器。

(6)固体模型:结晶器/溶解器、逆流倾析器、离心分离器、旋转过滤器、干燥器、固体分离器、旋风分离器。

4. 附加模块

(1)界面模块

①HTFS Interface:自动从 PRO/Ⅱ数据库检索物流物性数据,并用该数据创建一个 HTFS 输入文件。HTFS 能输出该文件,以访问各种物流物性数据。

②HTRI Interface:从 PRO/Ⅱ数据库检索数据,并创建一个用于各种 HTRI 程序的 HTRI 输入文件。来自 PRO/Ⅱ的热物理性质计算的物流性质分配表提供给 HTRI 的严格换热器设计程序,这能减少在两个程序之间输入数据的重复。

③Linnhoff March:来自 PRO/Ⅱ的严格质量和能量平衡结果能传送给 SuperTarget(tm)塔模块,以分析整个分离过程的能量效率。改进方案能够在随后的 PRO/Ⅱ运行中求出值来。

(2)应用模块

①Batch:搅拌釜反应器和间歇蒸馏模型能够独立运行或作为常规 PRO/Ⅱ流程的一部分运行。操作可通过一系列的操作方案来说明,具有无可比拟的灵活性。

②Electrolytes:该模块严密结合了由 OLI SystemsInc 开发的严格电解质热力学算法。电

解质应用包作为该模块的一部分,进一步扩展了一些功能,如生成用户电解质模型和创建、维护私有类数据库。

③Polymers:能模拟和分析从单体提纯和聚合反应到分离和后处理范围内的工业聚合工艺。PRO/Ⅱ的独到之处是通过一系列平均分子质量分率来描述聚合物组成,可以准确模拟聚合物的混合和分馏。

④Profimatics:重整器和加氢器模型被添加到 PRO/Ⅱ 单元操作。PRO/Ⅱ 的独到之处,是由这些反应修改的基础组分和热力学性质数据被自动录入。

5.图形界面

PRO/Ⅱ 采用图形界面(GUI),提供了一个完全交互的、基于 Windows 的环境,无论对于建立简单的模型还是复杂的模型,它都是理想的环境。PRO/Ⅱ 的图形界面十分友好,并灵活易用。PRO/Ⅱ 使用颜色标示模拟的状态,如物流、单元过程和相关参数的数据是否输入完整、当前每个单元模拟运算的实时状态等。数据查看窗口使用户能够直接在界面上查看物流和单元操作的结果,查看内容可根据需要进行配置。用户可以对温度、压力、流量和其他任何物流特性定义旗标,这些旗标可以插在任何一个或全部的流程图上,这些数据可在流程外动态地更新。单元图表流程图允许多个物流和多个单元操作组合,构成单个单元,可以套用多个标准。PRO/Ⅱ 包含详细的物流属性表,包含蒸馏值(TBP、D86 等),可以进行参数(灵敏度)分析,提供图形界面访问工况研究特性,结果可以通过选择 SIMSCI 提供的图表选项或 EXCEL 显示,用户也可以通过 HTML 阅读器、Web 浏览器或文本编辑器显示结果。此外,用户可以用类似 FORTRAN 的格式语句设计计算器的单元操作输出。PRO/Ⅱ 充分利用了开放式接口,如 COM 和 OLE 等,提供和第三方应用软件的接口。

6.应用工业领域

(1)聚合物

自由基聚合、一般目的的聚合(苯乙烯)、低密度聚合(乙烯)、聚合甲基丙烯酸甲酯、聚合乙烯基乙酸酯、链增长聚合、聚酯、酰胺 – 尼龙 6,尼龙 6/6,尼龙 6/12、共聚、聚合苯乙烯 – 甲基丙烯酸甲酯、聚合乙烯 – 乙烯基乙酸脂等。

(2)炼油

原油预热、常压蒸馏、减压塔、FCC 主分馏塔、焦炭塔、气体装置、汽油稳定、石脑油分离和气提、反应精馏、变换和甲烷化反应器、酸水分离器、硫和 HF 酸烷基化、脱异丁烷塔等。

(3)化工

乙烯分离塔、C3 分离塔、芳烃分离塔、环己烷装置、MTBE 分离制造厂、萘转化、烯烃生产、氧化生产、丙烯汽化等。

(4)气体加工

胺脱硫、多级冷冻、压缩机组、脱乙烷塔和脱甲烷塔膨胀装置、气体脱氢、水合物生成/抑制、多级、平台操作、冷冻回路透平膨胀机优化

(5)制药

间歇精馏、间歇反应等。

5.2.2 Aspen Plus

Aspen Plus 是一种广泛应用于化工过程的研究开发、设计、生产过程的控制、优化及技

术改造等方面的性能优良的软件,源于美国能源部在 20 世纪 70 年代后期在麻省理工学院(MIT)组织的会战,要求开发新型第三代流程模拟软件。该项目被称为"过程工程的先进系统"(Advanced Systemfor Process Engineering, ASPEN),由 55 个高校和公司参与开发,并于1981 年底完成。1982 年 Aspen Tech 公司将其商品化,被称为 ASPEN PLUS。该软件经过 20多年不断地改进、扩充和提高,已先后推出了十多个版本。它用严格和最新的计算方法,进行单元和全过程的计算,为企业提供准确的单元操作模型,还可以评估已有装置的优化操作或新建、改建装置的优化设计。这套系统功能齐全、规模庞大,可应用于化工、炼油、石油化工、气体加工、煤炭、医药、冶金、环境保护、动力、节能、食品等许多工业领域。Aspen Plus具有以下特点:

1. 完备的数据库

对于一个模拟过程来说,能否选择准确无误的物性参数是模拟结果好坏的关键,人们普遍认为 Aspen Plus 具有最适用于工业且最完备的物性系统。许多公司为了使其物性计算方法标准化而采用 Aspen Plus 的物性系统,并与其自身的工程计算软件相结合。Aspen Plus数据库包括将近 6 000 种纯组分的物性数据:

(1)纯组分数据库,包括将近 6 000 种化合物的参数;

(2)电解质水溶液数据库,包括约 900 种离子和分子溶质估算电解质物性所需的参数;

(3)固体数据库,包括约 3 314 种固体的固体模型参数;

(4)Henry 常数库,包括水溶液中 61 种化合物的 Henry 常数参数;

(5)二元交互作用参数库,包括 Ridlich-Kwong Soave,Peng Robinsonx Lee Kesler Plocker,BWR Lee Starling 及 Hayden O'Connell 状态方程的二元交互作用参数 40 000 多个,涉及5 000种双元混合物;

(6)PURE10 数据库,包括 1 727 种纯化物的物性数据,这是基于美国化工学会开发的DIPPR 物性数据库的比较完整的数据库;

(7)无机物数据库,包括 2 450 种组分(大部分是无机化合物)的热化学参数;

(8)燃烧数据库,包括燃烧产物中常见的 59 种组分和自由基的参数;

(9)固体数据库,包括 3 314 种组分,主要用于固体和电解质的应用;

(10)水溶液数据库,包括 900 种离子,主要用于电解质的应用。Aspen Plus 是唯一获准与 DECHEMA 数据库接口的软件。该数据库收集了世界上最完备的气液平衡和液液平衡数据,共计二十五万多套数据。用户也可以把自己的物性数据与 Aspen Plus 系统连接。

2. 很强的集成能力

Aspen Plus 是 Aspen 工程套件(AES)的一个部分。AES 是集成的工程产品件,有几十种产品。以 Aspen Plus 的严格机理模型为基础,形成了针对不同用途、不同层次的 AspenTech 家族软件产品,并为这些软件提供一致的物性支持,如:专门为模拟高分子聚合过程而开发的 Polymers Plus,已成功地用于聚稀烃、聚酯等过程、动态模拟的 Aspen Dynamics,专门用于炼油厂的模拟软件 Petro Frac,可以为夹点技术软件直接提供其所需要各流段的热焓、温度和压力等参数的 Aspen HX-NET。换热器详细设计(包括机械计算)的软件包,Aspen-Plus 可以在流程模拟工艺计算之后直接无缝集成,转入设备设计计算的 B-JAC/HTFS、工程设计工作流集成平台 Aspen Zyqad,可以供多种用户环境下将概念设计、初步设计、工程设计直到设备采购、工厂操作全过程生命周期的各项工作数据、报表及知识集成共享。Aspen

Plus 有接口可与之自动集成,在线工具 Aspen Online 将 Aspen Plus 离线模型与 DCS 或装置数据库管理系统联结,用实际装置的数据,自动校核模型,并利用模型的计算结果指导生产。

软件将序贯(SM)模块和联立方程(EO)两种算法同时包含在一个模拟工具中。序贯算法提供了流程收敛计算的初值,采用联立方程算法大大提高了大型流程计算的收敛速度,同时,让以往收敛困难的流程计算成为可能,节省了工程师计算的时间。

3. 提供丰富的单元操作模块

对于气/液系统,Aspen Plus 包含:通用混合、物流分流、子物流分流和组分分割模块;闪蒸模块;两相、三相和四相;通用加热器、单一的换热器、严格的管壳式换热器、多股物流的热交换器;液液单级倾析器,基于收率的、化学计量系数和平衡反应器;连续搅拌釜、柱塞流、间歇及排放间歇反应器;单级和多级压缩和透平;物流放大、拷贝、选择和传递模块;压力释放计算;简捷精馏、严格多级精馏、多塔模型、石油炼制分馏塔、板式塔、散堆和规整填料塔的设计和校核。

对于固体系统,Aspen Plus 包含:文丘里涤气器、静电除尘器、纤维过滤器、筛选器、旋风分离器、水力旋风分离器、离心过滤器、转鼓过滤器、固体洗涤器、逆流倾析器、连续结晶器等。

4. 具有模型/流程分析功能

Aspen Plus 提供一套功能强大的模型分析工具,最大化工艺模型的效益。

(1)收敛分析:自动分析和建议优化的撕裂物流、流程收敛方法和计算顺序,即使是巨大的具有多个物流和信息循环的流程,收敛分析也非常方便。

(2)calculator models 计算模式:包含在线 FORTRAN 和 Excel 模型界面。

(3)灵敏度分析:非常方便地用表格和图形表示工艺参数随设备规定和操作条件的变化而变化。

(4)案例研究:用不同的输入进行多个计算、比较和分析。

(5)设计规定能力:自动计算操作条件或设备参数,满足规定的性能目标。

(6)数据拟合:将工艺模型与真实的装置数据进行拟合,确保精确和有效的真实装置模型。

(7)优化功能:确定装置操作条件,最大化任何规定的目标,如收率、能耗、物流纯度和工艺经济条件。

在实际应用中,Aspen Plus 可以帮助工程师解决快速计算、设计一个新的工艺过程、查找一个加工装置的故障或者优化装置的操作等工程和操作的关键问题。

Aspen Plus 有一个公认的跟踪记录,在一个工艺过程制造的整个生命周期中提供巨大的经济效益,制造生命周期包括从研究与开发经过工程到生产。它使用最新的软件工程技术通过它的 Microsoft Windows 图形界面和交互式客户—服务器模拟结构使得工程生产力最大。还拥有精确模拟范围广泛的实际应用所需的工程能力,这些实际应用包括从炼油到非理想化学系统到含电解质和固体的工艺过程,也是 Aspen Tech 的集成智能制造系统技术的一个核心部分,该技术能在整个工程基本设施范围内捕获过程专业知识并充分利用。

5.2.3 ChemCAD

ChemCAD 系列软件是美国 Chemstations 公司开发的化工流程模拟软件。它是用于对化学和石油工业、炼油、油气加工等领域中的工艺过程进行计算机模拟的应用软件,是工程技术人员用来对连续操作单元进行物料平衡和能量平衡核算的有力工具。使用它,可以在计算机上建立与现场装置吻合的数据模型,并通过运算模拟装置的稳态或动态运行,为工艺开发、工程设计、优化操作和技术改造提供理论指导。

1. 高度集成、界面友好和较为详尽的帮助系统

ChemCAD 一直以操作简单、高度集成和界面友好而著称,ChemCAD 可以在 Windows 95/NT、Windows 2000 环境下运行。根据 Microsoft Windows 设计标准采用了 Microsoft 工具包及 Windows Help 系统,使得 ChemCAD 的外观及感觉和用户熟悉的其他 Windows 程序十分相似。ChemCAD 屏幕布置简洁,以菜单系统为基础,输入简明扼要,如此友好的图形人机对话界面使初学者很容易上手。通过 Windows 交互操作功能,可使 ChemCAD 和其他应用程序交互作用,使用者可以迅速而容易地在 ChemCAD 和其他应用程序之间传送模拟数据,还可以把过程模拟的效益大大扩展到工程工作的其他阶段中去。

ChemCAD 支持各种输出设备,用以生成流程、单元操作图表、符号、工艺流程图和绘图的硬拷贝。可以输出到点阵打印机、激光打印机、支持 Adobe Postscript 语言的任何设备以及绘图机等,也可以直接输出到文件,还可以将输出转换为 AutoCAD 的 DXF 格式。如果 AutoCAD 和 ChemCAD 都安装在同一个计算机上,用户可以规定包含 AutoCAD 的位置,所有由 ChemCAD 产生的 DXF 文件都会自动存到 AutoCAD 目录中。

ChemCAD 拥有详尽的帮助系统,ChemCAD 的 Hand-Holding 可以像一个真正的老师一样,"手把手地"指导用户如何开始和完成一个模拟计算的过程,指导用户完成流程生成步骤,提示组分输入,调用热力学专家系统,一直到运算开始。完成问题的每一步时,Chem-CAD 都会查对那一步完成的情况。另外,随时随地的"F1"帮助可以解答用户的大部分疑问。"Oneline help"也是 ChemCAD 的一个特点。ChemCAD 输入系统采用了专家检测系统,会自动指引你下一步应当输入什么数据,并显示每一步骤是否已正确地完成。热力学方法的选择是模拟计算的一个难点,不正确的热力学方法将使得计算结果毫无意义,ChemCAD 提供了一套热力学专家系统,输入温度和压力范围,ChemCAD 根据组分及输入数据推荐一个合适的热力学方法,极大地方便了用户。

作业和工况管理功能使用户可以方便地恢复、拷贝或删除流程;对每个项目,可以输入账号和一些描述性语言,使得用户在开始项目时可以明确选择所需要的流程;ChemCAD 甚至还可以记录每个项目所花费的时间。在 ChemCAD 系统中,每一个作业只对应于一个文件,与其他流程模拟软件系统一个作业一大堆文件不同。

使用 ChemCAD,用户可以定义新增组分、图标和符号,用户也可以利用简单的计算机语言建立自己的设备模型和计算程序。ChemCAD 还考虑到多个用户使用同一台计算机时的情况,不同的用户可以在不同的目录中定义自己的组分、图标和符号,互不干扰。

ChemCAD 为用户形成工艺流程图(PFD)提供了集成工具。使用它可以迅速有效地建立 PFD。对指定流程,可以建立多个 PFD。如果以某种方式改变了流程,此改变情况会自动影响到所有相关的 PFD,如果重新进行了计算,新结果也会自动传送到所有相关的 PFD。在 PFD 中,可以方便地加入数据框(热量和物料平衡数据)、单元数据框(单元操作规定和结果)、标题、文字注释、公司代号等。

ChemCAD 允许用户按照要求输出报告。在报告中,可以选择输出的流股、单元操作,对流股中包含的数据也可以进行定义。对蒸馏塔,可以输出包括回流比、温度、压力、每块板

上的气液相流量等详细数据;对换热器,可以输出加热曲线。报告的格式也可以进行定义,可以由用户决定小数点后的位数等。

2. 丰富的物性选择

ChemCAD 提供了标准、共享、用户三种组分数据库。

(1)标准物性数据库:标准数据库以 AIChE 的 DIPPR 数据库为基础,加上电解质共2 000多种纯物质。

(2)用户数据库:ChemCAD 允许用户添加多达 2 000 个组分到数据库中,可以定义烃类虚拟组分用于炼油计算,也可以通过中立文件嵌入物性数据。

(3)原油评价数据库:ChemCAD 提供了 200 多种原油的评价数据库。

ChemCAD 的热力学和传递性质具有以下功能:

(1)对过程系统提供了计算 K 值、焓、熵、密度、黏度、导热系数和表面张力的多种选择。

(2)提供了大量的最新的热平衡和相平衡的计算方法,包含 39 种 K 值计算方法、13 种焓计算方法。K 值方法主要分为活度系数法和状态方程法等四类,其中活度系数法包含有 UNIFAC、UPLM(UNIFAC for Polymers)、Wilson、T. K. Wilson、HRNM Modified Wilson、Van Laar、Non-Random Two Liquid(NRTL)、Margules、GMAC(Chien-Null)、Scatchard-Hildebrand (Regular Solution)等。焓计算方法包括 Redlich-Kwong、Soave-Redlich-Kwong、Peng-Robinson、API Soave-Redlich-Kwong、Lee-Kesler、Benedict-Webb-Rubin-Starling、Latent Heat、Electrolyte、Heat of Mixing by Gamma 等。这些计算方法可以应用于天然气加工厂、炼油厂以及石油化工厂,可以处理直链烃以及电解质、盐、胺、酸水等特殊系统。

(3)热力学数据库收录有 8 000 多对二元交互作用参数供 NRTL、UNIQUAC、Margules. Wilson 和 Van Laar 活度系数方法来使用,也可以采用 ChemCAD 提供的回归功能回归二元交互作用参数。

(4)提供了热力学专家系统帮助用户选择合适的 K 值和焓值计算方法。

(5)可以处理多相系统,也可以考虑气相缔合的影响。ChemCAD 有处理固体功能。对含氢系统,ChemCAD 采用一种特殊方法进行处理,可以可靠预测含氢混合物的反常泡点现象。

(6)对于不同单元或不同塔板可以应用不同的热力学方法或不同的二元交互作用参数。

ChemCAD 拥有高度灵活的数据回归系统,此系统可使用实验数据求取物性参数,可以用于纯组分性质回归、二元交换作用参数回归电解质回归反应速率常数回归等。数据回归系统能够通过输入易测性质(例如沸点),来估算缺少的物性参数,可估算活度系数模型中的二元参数。当模拟流程中含有缺少实验数据的新化学品时,这种特性特别有用。

3. 完整的单元操作单元及强大的计算和分析功能

ChemCAD 提供了大量的单元操作单元,包括蒸馏、汽提、吸收、萃取等 50 多种供用户选择。使用这些操作单元,用户可根据化工厂的需要进行选择,组织各单元操作,形成整个车间或全厂的流程图,进而完成整个模拟计算。

ChemCAD 可以对板式塔(包含筛板、泡罩、浮阀)、填料塔、管换热器、压力容器、孔板、调节阀和安全阀(DIERS)进行设计和核算。

ChemCAD 可以求解几乎所有的单元操作,对非常复杂的循环回路也可以轻松处理。在

ChemCAD 中用户可以指定断裂流股,可以通过 RUN 指令方便地控制计算顺序,这对全流程模拟的收敛非常有利,可以加速循环的收敛。ChemCAD 的自动计算功能具备先进的交互特性,允许用户不定义物流的流量来确定物流的组成。ChemCAD 还具有先进的优化和分析功能。灵敏度分析模块可以定义 2 个自变量和多至 12 个因变量,优化模块可以求解有 10 个自变量的函数的最大最小值。

4. 集成的设备标定模块和附带工具模块

ChemCAD 集成了对蒸馏塔、管线、换热器、压力容器、孔板和调节阀进行设计和核算的功能模块和针对空气冷却器和管壳式换热器设计和核算的 CC-Therm 模块。这些模块共享流程模拟中的数据,使得用户完成工艺计算后,可以方便地进行各种主要设备的核算和设计。ChemCAD 还提供了设备价格估算功能,用户可以对设备的价格进行初步估算。

ChemCAD 在工具菜单中含有 CO_2 固体预测、水合预测、减压阀和数据回归多个功能模块。其中 CO_2 固体预测模块可计算 CO_2 固体形成的逸度和初始温度;水合预测模块可估算有关烃和气体形成水合物的条件,同时也可计算以游离水为基准的水合相组成;减压阀模块可计算紧急和正常情况下泄压阀的性能,包括燃烧模型和泄压模型。

5. 支持动态模拟

ChemCAD 集成了 Chemstations 公司开发的大量动态操作单元包括动态蒸馏模拟 CC-Dcolumn,动态反应器模拟 CC-Reacs,间歇蒸馏模拟 CC-Batch,聚合反应器动态模拟 CC-Polymer,这些模块都完全集成到 ChemCAD 中,共享 ChemCAD 的数据库、热力学模型、公用工程和设备核算模块。在动态模拟过程中,用户可以随时调整温度、压力等各种工艺变量,观察它们对产品的影响和变化规律,还可以随时停下来,转回静态。ChemCAD 提供了 PID 控制器、传递函数发生器、数控开关、变量计算表等进行动态模拟的控制单元,利用它们可以完成对流程中任何指定变量的控制。利用动态模拟,用户可以进行如下操作。

(1)确定开停工方案。使装置安全、平稳地开车启动或停工是生产中的关键技术,用 ChemCAD 可以模拟开停工过程,看到开停工过程中的各种工艺参数的变化,从而研究各种开停工方案。

(2)计算特殊的非稳态过程。当系统内部压力、温度不稳时,用稳态软件不能计算系统紧急放空,只能靠 ChemCAD Dynamical 的过程传递函数,利用微分逼近的原理来完成。利用这一新型工具,工程师可以解决许多前人无法解决的工程难题。

(3)生产指导和调优。由于 ChemCAD 的动态计算完全采用严格的热力学模型,所以能准确完全地模拟装置的动态操作过程,还可将装置的工艺参数调到各种极限状态,以确定装置的优化状态或分析装置出现生产问题的原因。

综上所述,各种商品化流程模拟软件已具有相当完备的物性库和过程计算功能。但由于化工过程和物质的多样性,流程模拟软件并不能解决所有的化工过程问题,计算机化工应用还在不断发展和完善中。

5.3　化工实验常用参数的控制技术

温度、压力和流量等参数均为化工生产过程和科学实验中操作条件的重要信息。本节

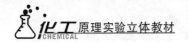

主要介绍这些参数较典型、常用的控制手段。

控制环节是实现化工生产自动化的关键。在检测环节取得正确的测量结果后,可以为控制环节提供相应的信息,以便采用适当的控制手段确保化工生产及科学实验安全、正常地进行。由此可见,控制手段的准确度将直接影响到产品的合格率、实验的成功率。因此,选择合适的控制方案对化工生产及科学实验显得尤为重要。

5.3.1 温度的控制

温度是表征物体或系统冷热程度的物理量,它反映物体或系统分子无规则热运动的剧烈程度,是化工生产和科学实验中最普遍、最重要的参数之一。

温度不能直接测量,只能借助于冷热物体之间的热交换,以及随冷热程度不同而变化的物理特性间接测量。根据测量方式可把温度测量方法分为接触式与非接触式两种。化工实验室中所涉及的被测温度对象基本上可用接触式测量法来测量。

在工业生产过程中,介质获得能量的来源各异,因而控制手段也各不相同,本节仅讨论电热控制方法。在实验或生产过程中,电能由于较容易得到且易转换为热能而得到了广泛应用,其加热主体为电热棒、加热带和电炉丝等。例如,在精馏实验中,通过控制塔釜加热棒的加热电压来控制塔釜的加热量,即上升蒸气量,其控制电路由热电偶、智能仪表和固态继电器组成,如图 5 – 1 所示。

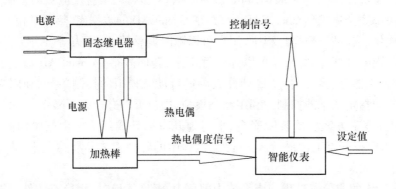

图 5 – 1　精馏塔塔釜加热控制原理示意图

如图 5 – 1 所示,通过修改智能仪表的设定值,即可控制电热棒上的加热电压,进而控制加热棒或被控对象的温度。

5.3.2 压力的控制

压力、压差是化工生产及科学实验过程中的重要参数。在化学反应过程中,压力会影响物料平衡关系及反应速率,需对其进行测控以保证生产和实验正常进行。

在化工生产和科学实验中,总是希望某一设备或某一工业系统保持恒定的压力,例如,在某反应器中,若反应器内压力波动,则会影响气 – 液平衡关系和反应速率。工程中常用的调节阀组压力控制系统如图 5 – 2 所示。当工业系统中因某种条件变化而使反应器内的压力偏离设定值时,调节系统将适时地调整调节阀的开度,使反应器内的压力维持恒定。工业生产过程情况复杂,因此控制方案、被控对象的选择应根据实际情况而定。例如,上述控制方案适用于生产过程中会释放一定能量使反应器内压力升高,或由于其他原因(如加热)而使反应器内压力上升的场合。若某种反应吸收能量、降低系统压力,则应由外部介质(如氮气或压缩空气)向反应器内补充以维持压力恒定。用调节阀组控制压力的优点是易得到稳定的压力,精度较高。但是,调节阀组价格昂贵,安装复杂。

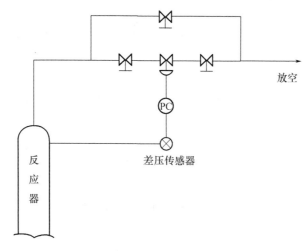

图5-2　调节阀组压力控制系统

在某些场合,如实验研究装置,允许压力在小范围内波动时,可用电磁阀来代替调节阀组,形成控制系统。减压精馏压力控制系统如图5-3所示。精馏塔内不凝性气体由冷凝器进入缓冲罐,使缓冲罐内压力不断上升,塔内的压力也随之升高。真空泵抽出这部分气体,使塔内压力不断下降。设计时使真空泵的流量略大于精馏塔内不凝性气体的流量。在真空泵的作用下,精馏塔内的压力将不断降低。当塔内压力低于设定值时,电磁阀开启,氮气或空气补入缓冲罐使压力升高,超过给定值后电磁阀闭合,真空泵继续抽真空。在电磁阀后加一微调阀可以调节空气进入缓冲罐的量,使电磁阀不至于频繁动作。

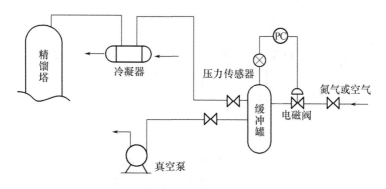

图5-3　减压精馏压力控制系统

5.3.3　流量的控制

在连续的工业生产和科学实验中,常希望某种物料的流量保持恒定。下面介绍几种实验室常用的流量控制技术。

1. 用调节阀控制流量

精馏操作中,只有保持进料量和采出量等参数稳定,才能获得合格产品。调节阀控制流量系统如图 5 – 3 所示,它是一种采用调节阀、智能仪表、孔板流量计和差压传感器等器件实现流量的调节和控制的调节系统。

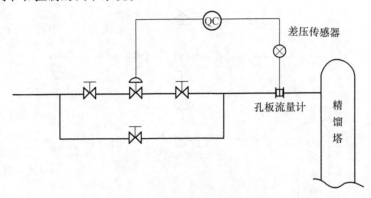

图 5 – 4　调节阀控制流量系统

2. 用计量泵控制流量

当物料流量较小时,采用调节阀控制流量会造成较大误差,一般宜采用计量泵控制流量。

3. 用分配器控制流量

在精馏实验中,采用分配器控制回流量和采出则更为准确和简便,其结构如图5 – 4 所示。分配器为一玻璃容器,有一个进口、两个出口,分别连接精馏塔塔顶冷凝器、产品罐和回流管,中间有一根活动的带铁芯的导流棒,在电磁铁有规律的吸放下控制导流棒上液体流向,使液体流向产品罐或精馏塔。

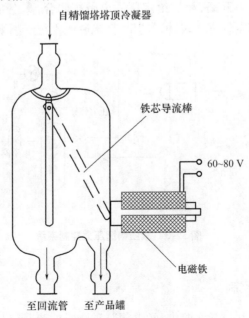

图 5 – 5　分配器结构

4. 用变频器控制流量

当流量较大且精度要求不是很高时,可采用变频器控制电极的转速从而控制流体流量。

以上所有计量传感器和仪表,均可根据用户要求在计算机网络中查询、选用。

第6章　实验部分

6.1　实验1　流体阻力测定实验

1. 如何排出实验管道和测量系统中的气体?
2. 启动和关闭离心泵时操作上要注意什么?
3. 如何通过实验测得的数据计算光滑直管和粗糙直管中水的流速 u、雷诺数 Re、直管摩擦阻力 ΔP_f、直管摩擦因数 λ 以及局部阻力系数 ξ?

6.1.1　实验目的

(1)学习直管摩擦阻力 ΔP_f、直管摩擦因数 λ 的测定方法。

(2)掌握直管摩擦因数 λ 与雷诺数 Re 和相对粗糙度之间的关系及其变化规律。

(3)掌握局部阻力的测量方法。

(4)学习压强差的几种测量方法和技巧。

(5)掌握坐标系的选用方法和对数坐标系的使用方法。

6.1.2　实验原理

流体在管道内流动时,由于流体的黏性作用和涡流的影响会产生阻力。流体在直管内流动阻力的大小与管长 l、管径 d、流体流速 u 和管道摩擦因数 λ 有关,它们之间存在如下关系:

$$h_f = \frac{\Delta P_f}{\rho} = \lambda \frac{l}{d} \frac{u^2}{2} \qquad (6-1)$$

$$\lambda = \frac{2d}{\rho l} \frac{\Delta P_f}{u^2} \qquad (6-2)$$

$$Re = \frac{du\rho}{\mu} \qquad (6-3)$$

根据实验数据和式(6-2)可计算出不同流速下的直管摩擦系数 λ;用式(6-3)可计算对应的 Re,从而可整理出直管摩擦因数与雷诺数的关系,绘出 λ 与 Re 的关系曲线。对于局部阻力,则有

$$h_f = \frac{\Delta P_f}{\rho} = \xi \frac{u^2}{2} \qquad (6-4)$$

或者可以近似地认为局部阻力的损失相当于某个长度的直管引起的损失:

$$h_f = \lambda \frac{l_e}{d} \frac{u^2}{2} \qquad (6-5)$$

6.1.3 实验设备

实验装置流程如图6-1所示,测量管路相关尺寸如表6-1所示。

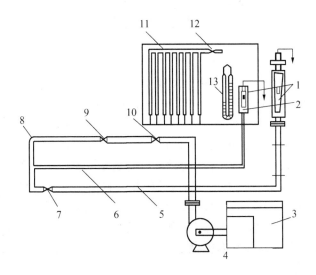

图6-1 流体阻力测量实验装置流程示意图

1—转子流量计;2—出口阀;3—储水槽;4—泵;5—直管(内径16 mm,管长1.45 m);
6—直管(内径10 mm,管长1.5 m);7—闸阀;8—90°弯头;9—闸阀;
10—泵出口闸阀;11—倒U型压差计组;12—排气阀;13—U型压差计

表6-1 测量管路相关尺寸

序号	名称	尺寸
1	闸门阀9	接管内径21.25 mm
2	90°弯头8	接管内径21.25 mm

6.1.4 实验要求

(1)根据实验内容的要求和流程,拟定实验步骤;

(2)根据流量测量范围和流动类型划分,大致确定实验点的分布;

(3)经指导教师同意后,按拟定步骤进行实验操作,先排气、排水,再测定数据;

(4)在获取必要数据后,经指导教师检查同意后可停止操作,将装置恢复到实验前的状态;

(5)数据处理:根据测定数据计算 Re 和 λ,在双对数坐标纸上标绘二者的关系并与教材上的曲线相比较,或按经验式关联并与层流理论式 $\lambda = 64/Re$ 和湍流柏拉修斯公式 $\lambda = 0.316\ 4/Re^{0.25}$ 比较;计算局部阻力系数,取平均值与教材相关数据比较。

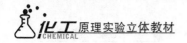

6.1.5 实验基本操作步骤

1. 实验前的准备工作

①熟悉实验装置及流程。观察 U 型压差计 13 和倒 U 型压差计组 11 与被测管路和管件上测压接头的连接及位置。注意弄清排气阀 12 的作用,以及其在排气、排水过程中的使用方法。

②排出实验管道和测量系统中的气体。打开倒 U 型压差计组的排气阀 12;检查关闭泵出口闸阀 10,启动水泵,再慢慢打开泵出口闸阀 10,让水流入实验管道和测压导管,排出管道和测压导管中的气体(排气时可以反复调节泵出口闸阀 10 和有关管道上的其他阀门,使积存在系统中的气体全部被流动的水带出);确认系统中的气体被排净后,关闭排气阀 12,排出倒 U 型压差计组玻璃管中的水;关闭泵出口闸阀 10,出口阀 2 和直管入口闸阀 7。然后,打开排气阀 12,再缓慢打开出口阀 2,此时可以看到倒 U 型压差计组 11 玻璃管中的水被排除,液面下降。当液面降低到最低位置时,关闭出口阀 2。关闭排气阀 12 以切断与大气的连通。打开泵出口闸阀 10,此时因玻璃管内空气被压缩,液面会上升到适当的位置。如果此时液面不断上升以致充满整个玻璃管,则说明排气阀未关严,需关闭泵出口闸阀 10,重新排水。排水完成后,检查玻璃管内的液面,如果液面在同一水平线上,可以进行实验测定,否则排气失败,需重新排气。

2. 实验数据测定

按拟定的实验步骤测定直管阻力和局部阻力。

测定直管 6 的阻力时,先打开泵出口闸阀 10,开度适当小一些,用出口阀 2 调节流量。在选定的几个流量下,读取倒 U 型压差计组 11 各玻璃管中的液面高度,可计算得到直管和相应管件的阻力。测量结束后,关闭小转子流量计出口阀 2。

测定直管 5 的阻力时,先关闭泵出口闸阀 10,将管道入口闸阀 7 全开,然后用泵出口闸阀 10 调节流量,读取 U 型压差计 13 读数,可计算得到直管的阻力。

3. 实验报告内容

将实验数据和数据整理结果列在表格中,并以其中一组数据为例写出计算过程。在合适的坐标系上标绘光滑直管和粗糙直管 $\lambda - Re$ 关系曲线。根据所标绘的 $\lambda - Re$ 关系曲线,求本实验滞流区的 $\lambda - Re$ 关系式,并与理论公式比较。

6.1.6 注意事项

(1)实验开始前和结束后,都应关闭泵出口闸阀 10,检查倒 U 型压差计组各臂读取是否相等。如不相等说明测压系统中存在气泡,需重新排气。

(2)启动离心泵之前,以及从光滑管阻力测量过渡到其他测量之前,都必须检查所有流量调节阀是否关闭。

(3)测数据时则必须关闭所有的平衡阀。在用 U 型压差计测量时,必须关闭通倒 U 型管的阀门,防止形成并联管路。

(4)填写实验记录时,注意各物理量的量纲。

6.1.7 思考题

1. 本实验用水为工作介质做出的 $\lambda - Re$ 曲线,对其他流体是否适用? 为什么?

2.本实验测定等直径水平直管的流动阻力,若将水平管改为流体自下而上流动的垂直管,从测量两取压点间压差的倒置 U 型管读数 R 到 ΔP_f 的计算过程和公式是否与水平管完全相同?为什么?

3.何时用 U 型压差计,何时用倒 U 型压差计组?操作时要注意什么?

6.1.8 实验记录表

1.层流实验数据记录表

表6-2 为光滑管阻力和局部阻力测定的数据记录表。

直管管长_____,管子内径_____,弯头接管内径_____,闸阀接管内径_____,闸阀开度_____,水的温度_____。

表6-2 光滑管阻力和局部阻力测定的数据记录表

序号	流量	倒 U 型压差计读数					
		1	2	3	4	5	6

注:1,2—直管;3,4—弯头;5,6—阀门。

(2)湍流实验数据记录表

表6-3 为粗糙管阻力测定的数据记录表。

直管管长_____,管子内径_____,水的温度_____。

表6-3 粗糙管阻力测定的数据记录表

序号									
流量									
U 型压差计读数	左								
	右								

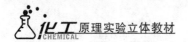原理实验立体教材

6.2　实验2　离心泵性能测定实验

1.如何判断实验所用的离心泵是否需要灌泵?
2.真空表和压力表读数的区别是?

6.2.1　实验目的

(1)熟悉离心泵的操作方法。
(2)掌握离心泵特性曲线的测定方法、表示方法,加深对离心泵性能的了解。

6.2.2　实验原理

离心泵是最常见的液体输送设备。在一定的型号和转速下,离心泵的扬程 H、轴功率 N 及效率 η 均随流量 Q 而改变。通常通过实验测出 $H-Q$、$N-Q$ 及 $\eta-Q$ 关系,并用曲线表示之,称特性曲线。特性曲线是确定泵的适宜操作条件和选用泵的重要依据。泵特性曲线的具体测定方法如下:

1. H 的测定

在泵的吸入口和压出口之间列伯努利方程:

$$Z_入 + \frac{p_入}{\rho g} + \frac{u_入^2}{2g} + H = Z_出 + \frac{p_出}{\rho g} + \frac{u_出^2}{2g} + H_{f入-出} \tag{6-6}$$

$$H = (Z_出 - Z_入) + \frac{p_出 - p_入}{\rho g} + \frac{u_出^2 - u_入^2}{2g} + H_{f入-出} \tag{6-7}$$

式中,$H_{f(入-出)}$ 是泵的吸入口和压出口之间管路内的流体流动阻力(不包括泵体内部的流动阻力所引起的压头损失),当所选的两截面很接近泵体时,与伯努利方程中其他项比较,$H_{f(入-出)}$ 值很小,故可忽略。于是式(6-7)变为

$$H = (Z_出 - Z_入) + \frac{p_出 - p_入}{\rho g} + \frac{u_出^2 - u_入^2}{2g} \tag{6-8}$$

将测得的 $Z_出 - Z_入$ 和 $p_出 - p_入$ 的值以及计算所得的 $u_入,u_出$ 代入式(6-8)即可求得 H 的值。

2. N 的测定

功率表测得的功率为电动机的输入功率。由于泵由电动机直接带动,传动效率可视为1.0。

所以,电动机的输出功率等于泵的轴功率,即

$$泵的轴功率 N = 电动机的输出功率 \times 1.0 \tag{6-9}$$

$$电动机的输出功率 = 电动机的输入功率 \times 电动机的效率 \tag{6-10}$$

$$泵的轴功率 = 功率表的读数 \times 电动机效率 \qquad (6-11)$$

3. η 的测定

$$\eta = \frac{N_e}{N}, N_e = \frac{HQ\rho g}{1\,000} = \frac{HQ\rho}{102} \qquad (6-12)$$

式中　η——泵的效率；

$\quad\quad$ H——泵的压头，m；

$\quad\quad$ N——泵的轴功率，kW；

$\quad\quad$ Q——泵的流量，m^3/s；

$\quad\quad$ N_e——泵的有效功率，kW；

$\quad\quad$ ρ——水的密度，kg/m^3。

6.2.3　实验装置的流程及主要技术数据

1. 实验装置1

本实验用 WB70/055 型离心泵进行实验，实验装置流程如图6-2所示，离心泵用三相电动机带动，启动前需灌泵。实验过程中，水从水箱吸入，经整个管线返回水池。在吸入管进口处装有灌泵入口阀5以便启动前灌满水；在泵的吸入口和出口分别装有泵入口真空表6和泵出口压力表8，以测量离心泵的进出口处压力；泵的出口管路装有涡轮流量计用做流量测量，并装有阀门以调节流量。本实验用 PS-139 型功率表测定轴功率。

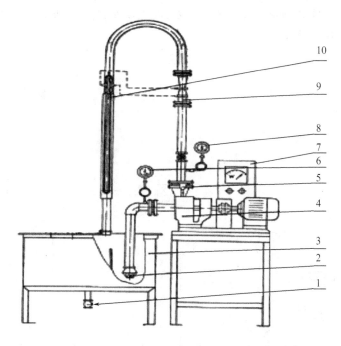

图6-2　离心泵性能测定实验装置1流程示意图

1—排水阀；2—底阀；3—水箱；4—离心泵；5—灌泵入口阀；6—泵入口真空表；

7—功率表；8—泵出口压力表；9—涡轮流量计；10—流量调节阀门

（1）设备参数

①真空表测压位置管内径 $d_1 = 0.036$ m；

②压力表测压位置管内径 $d_2 = 0.042$ m；

③真空表与压力表测压口之间的垂直距离 $h_0 = 0.265$ m；

④实验管路内径 $d = 0.042$ m；

⑤电机效率为 60%。

（2）流量测量

涡轮流量计，型号 LWY - 40C，量程 0 ~ 20 m³/h。

（3）功率测量

功率表，型号 PS - 139，精度 1.0 级。

（4）泵吸入口真空度的测量

真空表，表盘直径 100 mm，测量范围 -0.1 ~ 0 MPa。

（5）泵出口压力的测量

压力表，表盘直径 100 mm，测量范围 0 ~ 0.25 MPa

（6）温度计

Pt100 数字仪表显示。

2. 实验装置 2

本实验装置流程如图 6 - 3 所示。离心泵 1 将水箱 10 内的水输送到实验系统，用流量调节阀 6 调节流量，流体经涡轮流量计 9 计量后，流回储水槽。启动泵前，关闭压力表 3 和真空表 2 的开关，以免损坏压力表。

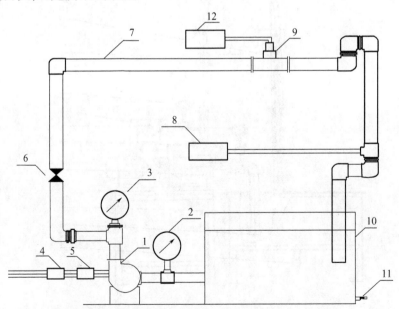

图 6 - 3　离心泵性能测定实验装置 2 流程示意图

1—离心泵；2—真空表；3—压力表；4—变频器；5—功率表；6—流量调节阀；

7—实验管路 8—温度计；9—涡轮流量计；10—水箱；

11—放水阀；12—频率计

（1）设备参数

①离心泵流量 $Q = 4\ \mathrm{m^3/s}$，扬程 $H = 8\ \mathrm{m}$，轴功率 $N = 168\ \mathrm{W}$；

②真空表测压位置管内径 $d_1 = 0.025\ \mathrm{m}$；

③压力表测压位置管内径 $d_2 = 0.025\ \mathrm{m}$；

④真空表与压力表测压口之间的垂直距离 $h_0 = 0.18\ \mathrm{m}$。

⑤实验管路内径 $d = 0.040\ \mathrm{m}$。

⑥电机效率为 60%。

（2）流量测量

采用涡轮流量计测量流量（仪表常数 $k = 78.608$ 次/升）。

$$流量\ V_s = \frac{涡轮流量计频率}{k} \times \frac{3\,600}{1\,000} \quad \mathrm{m^3/h} \tag{6-13}$$

（3）功率测量

功率表，型号 PS – 139，精度 1.0 级。

（4）泵吸入口真空度的测量

真空表，表盘直径 100 mm，测量范围 – 0.1 ~ 0 MPa　精度 1.5 级。

（5）泵出口压力的测量

压力表，表盘直径 100 mm，测量范围 0 ~ 0.25 MPa，精度 1.5 级。

6.2.4　实验内容

（1）练习离心泵的操作。

（2）测定某型号离心泵在一定转速下，H（扬程）、N（轴功率）、η（效率）与 Q（流量）之间的特性曲线（三条特征曲线画在一张图中），并指出泵的工作区间。

6.2.5　实验方法

1. 实验装置 1

（1）了解设备，熟悉流程及所用仪表。

（2）检查轴承润滑情况，用手转动联轴节观察其是否转动灵活。

（3）向水箱 3 内注入蒸馏水，检查流量调节阀门 10、泵出口压力表 8 及泵入口真空表 6 的控制阀门是否关闭。

（4）启动实验装置电源，由于本设备有一定安装高度，需灌泵。开启灌泵入口阀 5，从灌泵入口处向泵内灌水至满，然后关闭灌泵入口阀 5。

（5）按变频器"run"键启动离心泵，测试数据的顺序可从流量为零至最大，相反的操作亦可。一般取 10 ~ 20 组数据，通过改变流量调节阀 10 的开度测定。

（6）测定数据时，一定要在系统稳定条件下进行记录，分别读取流量计、压力表、真空表、功率表及流体温度等数据并记录。

（7）实验结束时，关闭流量调节阀 10，停泵，切断电源。

2. 实验装置 2

（1）向水箱 10 内注入蒸馏水。

（2）检查流量调节阀 6、压力表 3 及真空表 2 的开关是否关闭（应关闭）。

（3）启动实验装置总电源，用变频调速器上 $\boxed{\wedge}$、$\boxed{\vee}$ 及 $\boxed{<}$ 键设定频率后（本实验频率 50 Hz），按"run"键启动离心泵，缓慢打开流量调节阀6至全开。待系统内流体稳定，打开压力表3和真空表2的开关，方可测取数据。

（4）用流量调节阀6调节流量，顺序可为从流量为零至最大或流量从最大到零，测取10～15组数据，同时记录流量计读数、泵入口真空度、泵出口压强、功率表读数，并记录水温。

（5）实验结束后，关闭流量调节阀6，停泵，切断电源。

6.2.6　注意事项

（1）该装置电路采用五线三相制配电，实验设备应良好地接地。

（2）使用变频调速器时一定注意FWD指示灯亮，切忌按 $\boxed{\text{FWD REV}}$ 键导致 REV 指示灯亮，电机反转。

（3）启动离心泵前，必须关闭流量调节阀，关闭压力表和真空表的开关，以免损坏压强表。

6.2.7　实验记录表

表6-4为离心泵特性曲线测定数据表，图6-4为离心泵特性曲线例图。

表6-4　离心泵特性曲线测定数据表

装置编号：_____　离心泵型号：_____　两测压口之间垂直距离：_____
电机效率：_____　电机频率：_____　涡轮流量计的仪表常数：_____

序号	水密度 /(kg/m³)	水温 /℃	涡轮流量计频率 /Hz	入口真空表读数 /MPa	出口压强表读数 /MPa	电机功率读数 /kW	流量 Q /(cm³/h)	压头 H /m	泵轴功率 N/W	效率/η
0										
1										
2										
…										

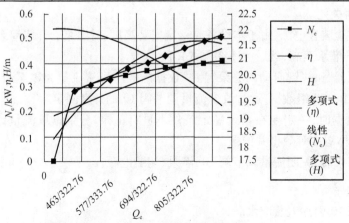

图6-4　离心泵特性曲线例图

6.2.8 思考题

1.为什么流量越大,入口处真空表的读数越大,出口处压力表的读数越小?

2.指出离心泵的设计点及其对应的参数值(Q,H,N)。

3.为什么启动离心泵前要引水灌泵?

4.为什么离心泵启动时要关闭出口阀门?

6.3 实验3 恒压过滤参数的测定实验

1.恒压过滤时,欲加快过滤速率,可行的措施有哪些?

2.实验装置1中,如果真空表8读数未降至0,就打开阀13, 会有什么情况发生?

6.3.1 实验目的

(1)掌握恒压过滤常数K,q_e,θ_e的测定方法,加深对K,q_e,θ_e的概念和影响因素的理解。

(2)学习滤饼的压缩性指数s和物料常数k的测定方法。

(3)学习$\dfrac{d\theta}{dq} - q$一类关系的实验确定方法。

6.3.2 实验原理

过滤是利用过滤介质进行液 – 固系统的分离过程,过滤介质通常采用带有许多毛细孔的物质如帆布、毛毯、多孔陶瓷等。含有固体颗粒的悬浮液在一定压力的作用下液体通过过滤介质,固体颗粒被截留在介质表面上,从而使液固两相分离。

在过滤过程中,由于固体颗粒不断地被截留在介质表面上,滤饼厚度增加,液体流过固体颗粒之间的孔道加长,而使流体流动阻力增加。因此,恒压过滤时,过滤速率逐渐下降。随着过滤进行,若得到相同的滤液量,则过滤时间增加。

恒压过滤方程:

$$(q + q_e)^2 = K(\theta + \theta_e) \tag{6 – 14}$$

式中 q——单位过滤面积获得的滤液体积,m^3/m^2;

  q_e——单位过滤面积上的虚拟滤液体积,m^3/m^2;

  θ——实际过滤时间,s;

  θ_e——虚拟过滤时间,s;

  K——过滤常数,m^2/s。

将式(6 – 14)进行微分可得

$$\frac{d\theta}{dq} = \frac{2}{K}q + \frac{2}{K}q_e \tag{6 – 15}$$

这是一个直线方程式,当各数据点的时间间隔不大时,$\dfrac{\mathrm{d}\theta}{\mathrm{d}q}$可用增量之比$\dfrac{\Delta\theta}{\Delta q}$来代替,式中的滤液体积$q$也取两次过滤体积的算术平均值,记为$\bar{q}$。测定一定压力条件下的过滤时间$\theta_i(i=1,2,\cdots,n)$和对应的累计滤液量$q_i(i=1,2,\cdots,n)$,然后计算出$\Delta\theta$和$\Delta q$及$\bar{q}$的对应值,于普通坐标上标绘$\dfrac{\Delta\theta}{\Delta q}$ - $\bar{q}$的关系,可得直线。其斜率为$\dfrac{2}{K}$,截距为$\dfrac{2}{K}q_e$,从而求出K和q_e。至于θ_e可由下式求得。

$$q_e^2 = K\theta_e \tag{6-16}$$

过滤常数的定义式:

$$K = 2k\Delta p^{1-s} \tag{6-17}$$

两边取对数:

$$\lg K = (1-s)\lg\Delta p + \lg(2k) \tag{6-18}$$

因$k=\dfrac{1}{\mu r v}$为常数,故K与Δp的关系在双对数坐标纸上标绘$(\Delta p,K)$时,应是一条直线,直线的斜率为$1-s$,由此可得滤饼的压缩性指数s,截距为$\lg(2k)$,由此可求出物料特性常数k。

两个实验中都是在滤布两端制造压力差,然后迫使滤浆通过滤布。实验装置1中,在滤布后端施加真空,滤浆在大气压的作用下通过滤布,留下滤渣;在实验装置2中,直接通过泵将滤浆加压然后通过滤布。实验中记录获得单位体积滤液所用的时间,然后通过$\dfrac{\mathrm{d}\theta}{\mathrm{d}q}$代替$\dfrac{\Delta\theta}{\Delta q}$。

6.3.3　实验装置流程图

1. 实验装置1

实验装置1流程如图6-5所示。

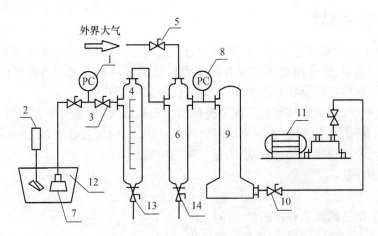

图6-5　恒压过滤参数的测定实验装置1流程示意图

1,8—真空表;2—搅拌器;3—节流阀;4—滤液计量筒;5—进气阀;

6—控制管;7—吸滤器(有效直径105 mm);9—干燥塔;10—控制阀;

11—真空泵;12—滤浆槽;13,14—排液阀

2. 实验装置2

实验装置2流程如图6-6所示。

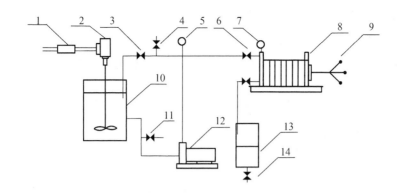

图6-6　恒压过滤参数的测定实验装置2流程示意图

1—调速器;2—电动搅拌器;3,4,6,11,14—阀门;5,7—压力表;8—板框过滤机;

9—压紧装置;10—滤浆槽;12—旋涡泵;13—计量桶。

6.3.4　实验方法

1. 实验装置1 实验步骤

(1)滤浆槽12中配置碳酸钙的质量分数为10%的滤浆,启动搅拌器2,搅拌均匀,将节流阀3一端连接吸滤器7。

(2)关闭过滤入口节流阀3、排液阀13和14,启动真空泵,用控制阀10、进气阀5调节真空度。

(3)待真空表8稳定以后,打开阀节流3开始过滤,连续记录滤液量和相应的过滤时间,停止计时后立刻关闭节流阀3和控制阀10。

(4)打开进气阀5使真空表8读数降为0,用刷子将吸滤器上的滤饼刷回槽内,然后打开排液阀13,放出清液,将其倒回滤浆槽内,以保证滤浆浓度恒定。

(5)改变压力,关闭节流阀3、排液阀13,打开排液阀10,用排液阀10、进气阀5调整压力,重复上述实验(在0.02 MPa,0.04 MPa,0.05 MPa 和0.06 MPa下进行4次实验)。

(6)实验结束后,关闭真空泵11和搅拌器2电源,移出滤浆槽12、吸滤器7用清水清洗。

(7)注意事项。

①实验过程中要保持压差稳定。

②改用另一个压差之前,要先清除滤饼,整个过程滤浆不能溢出或洒出容器。

③改变另一个压差做另一组实验之前,必须首先关闭控制阀10、打开进气阀5,使真空表读数降为零时,然后才能打开排液阀13,排出滤液,否则将会导致滤液流入真空管路系统(需反复强调)。

④开关玻璃旋塞时,缓慢旋转,不要用力过猛,不许向外拔,以免损坏。

⑤电动搅拌器为无级调速。使用时首先接上系统电源,打开调速器开关,调速钮一定由小到大缓慢调节,切勿反方向调节或调节过快损坏电机。

⑥启动搅拌前,用手旋转一下搅拌轴以保证顺利启动搅拌器。

⑦每次实验后应该把吸滤器清洗干净

2. 实验装置2实验步骤

(1)在滤浆槽10中加入$CaCO_3$和一定量的水,配成$CaCO_3$的质量分数为$2\% \sim 4\%$的滤浆。系统接上电源,打开电动搅拌器2电源开关,启动电动搅拌器2,将滤液槽10内浆浆搅拌均匀。

(2)排好板和框的位置和顺序,装好滤布,压紧板框待用。排列顺序为:固定头—非洗涤板框—洗涤板—框—非洗涤板—可动头。

(3)使阀门3处于全开,阀门4,6,11处于全关状态。启动旋涡泵12,调节阀门3使压力表5读数达到规定值。

(4)待压力表5稳定后,打开过滤入口阀6过滤开始。当计量桶13内可见到第一滴液体时按表计时。记录滤液每增加高度20 mm时所用的时间。当计量桶13读数为160 mm时停止计时,并立即关闭入口阀6。

(5)打开阀门3使压力表5指示值下降。开启压紧装置卸下过滤框内的滤饼并放回滤浆槽10内,将滤布清洗干净。放出计量桶13内的滤液并倒回槽内,以保证滤浆浓度恒定。

(6)改变压力,从步骤(2)开始重复上述实验。

(7)每组实验结束后应用洗水管路对滤饼进行洗涤,测定洗涤时间和洗水量。

(8)实验结束时阀门11接上自来水,阀门4接通下水,关闭阀门3,对泵及滤浆进出口管进行冲洗。

(9)注意事项

①过滤板与框之间的密封垫应注意放正,过滤板与框的滤液进出口应对齐。用摇柄把过滤设备压紧,以免漏液。

②计量桶13的流液管口应贴桶壁,否则液面波动影响读数。

③实验结束时关闭阀门3。用阀门11、阀门4接通自来水对泵及滤浆进出口管进行冲洗。切忌将自来水灌入储料槽中。

④电动搅拌器为无级调速。使用时首先接上系统电源,打开调速器开关,调速钮一定由小到大缓慢调节,切勿反方向调节或调节过快损坏电机。

⑤启动搅拌前,用手旋转一下搅拌轴以保证顺利启动搅拌器。

6.3.5 实验报告

由实验数据求出K,q_e,θ_e的值,讨论压差变化对以上数值的影响。

6.3.6 思考题

1.压差增加一倍,其K值是否也增加一倍? 要得到同样的滤液,其过滤时间是否缩短一半?

2.为什么过滤开始时,滤液常常有点浑浊,过段时间后才变清?

6.4　实验4　传热实验

1. 汽－水套管所用的冷却水流量是否影响传热系数的计算?
2. 保温管的厚度对传热速率有影响吗? 什么情况下可忽略不计?

6.4.1　实验目的

(1)掌握传热系数 K、给热系数 α 和导热系数 λ 的测定方法。

(2)比较保温管、裸管和水套管的传热速率,并进行讨论。

(3)掌握热电偶测温方法。

6.4.2　实验原理

根据传热基本方程、牛顿冷却定律以及圆筒壁的热传导方程,已知传热设备的结构尺寸,测得传热速率 Q,以及各有关的温度,即可算出 K,α 和 λ。

1. 测定汽－水套管的传热系数 K

$$K = \frac{Q}{A \cdot \Delta t_{\mathrm{m}}} \tag{6-19}$$

式中　K——汽－水套管的传热系数,W/(m²·℃);

　　　A——传热面积,m²;

　　　Δt_{m}——冷热流体的平均温度,℃;

　　　Q——传热速率,W。

其中,

$$Q = W_{汽} \cdot r_W$$

式中　$W_{汽}$——冷凝液流量,kg/s;

　　　r——冷凝液潜热,J/kg。

100 ℃时,压力0.101 MPa条件下,水的汽化潜热为 2 258 kJ/kg。

2. 测定裸管的自然对流给热系数

$$\alpha = \frac{Q}{A \cdot (t_{\mathrm{w}} - t_{\mathrm{a}})} \tag{6-20}$$

式中　α——裸管的自然对流给热系数,W/(m²·℃);

　　　$t_{\mathrm{w}},t_{\mathrm{a}}$——分别为壁温和空气的温度,℃。

3. 测定保温材料的导热系数

$$\lambda = \frac{Qb}{A_{\mathrm{m}} \cdot (T_{\mathrm{w}} - t_{\mathrm{w}})} \tag{6-21}$$

式中　　λ——保温材料的导热系数，$W/(m^2 \cdot \text{℃})$；

　　　　T_w, t_w——分别为保温层两侧的温度，℃；

　　　　b——保温层的厚度，m；

　　　　A_m——保温层内外壁的平均面积，m^2。

6.4.3　实验装置及流程

本实验装置主体设备为"三根管"：汽－水套管、裸管和保温管。这"三根管"与锅炉、汽包、高位槽和 UJ－36 电位差计等组成整个测试系统，如图6－7所示。

工艺流程：锅炉内产生的水蒸气送入汽包，然后在三根并联的紫铜管内同时冷凝，冷凝液由计量管或量筒收集，以测冷凝速率。三根紫铜管外情况不同：一根管外用珍珠岩保温；另一根是裸管；还有一根管外是来自高位槽的冷却水，为一套管式换热器。可定性观察到三个设备冷凝速率的差异，并测定 K, α, λ。

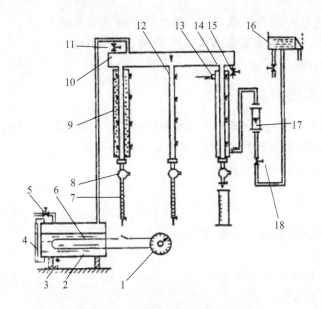

图6－7　传热实验装置流程示意图

1—加热器；2—锅炉；3—放液阀；4—液面计；

5—进水阀；6—电热棒；7—计量管；8—三通；9—保温管；10—汽包

11—放气阀；12—裸管；13—冷却水出口；14—汽－水套管；

15—放液阀；16—高位槽；17—流量计；18—冷却水入口阀

各设备结构尺寸如下：

（1）汽－水套管：内管为 $\phi18$ mm $\times2$ mm 紫铜管，套管为 $\phi33$ mm $\times3.25$ mm 钢管，管长 $L = 0.6$ m。

（2）裸管：传热管为 $\phi19$ mm $\times1.6$ mm 紫铜管，管长 $L = 0.67$ m。

（3）保温管：内管为 $\phi18$ mm $\times2$ mm 紫铜管，外管为 $\phi60$ mm $\times5$ mm 有机玻璃管，管长 $L = 0.6$ m

6.4.4　实验步骤及注意事项

（1）熟悉设备流程，检查各个阀门的开关情况，排放汽包中的冷凝水；

（2）打开锅炉的进水阀5,加至液面高度的2/3;

（3）将加热器1全部打开,等到有蒸汽出来时,关掉一半的加热器;

（4）打开套管换热器冷却水入口阀18,调节冷却水流量为某一值,一般为100～200 L/h;

（5）仪器稳定以后,测量一段时间(2～3 min)内的冷凝液的量、壁温、水温;

（6）重复实验。直至数据重复性较好为止(取5～6组数据);

（7）实验结束,关闭全部加热器1、冷却水入口阀18;

（8）实验中应该注意观察锅炉的水位,其液面不得低于1/2的高度;

（9）注意系统的不凝汽及冷却水的排放情况;

（10）锅炉水位靠冷凝回水维持,应该保证冷凝回水畅通。

6.4.5　实验报告

（1）将原始数据列成表格。

（2）根据实验结果计算 K, α 和 λ,并与经验数据比较(相对误差)并分析讨论。

（经验数据参考: $K = 401$ W/(m² · ℃), $\alpha = 20.9$ W/(m² · ℃)和 $\lambda = 0.52$ W/(m · ℃))

6.4.6　实验记录表

表6－5为传热实验测定数据表。

表 6 – 5　传热实验测定数据表

设备型号:_____　　接水时间:_____　　冷却水流量:_____

序号	保温管电位/mV						裸管电位/mV			汽-水套管电位/mV		汽包电位/mV	总质量/g			瓶的质量/g			室温/℃
	铜管			套管						进口	出口		w_1	w_2	w_3	m_1	m_2	m_3	T
	上	中	下	上	中	下	上	中	下										
1																			
2																			
…																			

6.4.7　思考题

1. 比较三根传热管的传热速率,说明原因。

2. 在测定传热系数 K 时,按现实验流程,用管内冷凝液测定传热速率与用管外冷却水测定传热速率哪种方法更准确,为什么? 如果改变流程,使蒸汽走环隙、冷却水走管内,用冷却水或冷凝液测传热速率,哪个方案更准确?

3. 汽包上装有不凝气排放口和冷凝液排放口,注意两口的安装位置特点并分析其作用。

4. 冷却水流向的改变对 α 外是否有影响?

5. 由于室内空气扰动的影响,裸管自然对流给热系数 α 的实测值应比理论值高还是低?

6.5　实验 5　空气－水蒸气传热综合实验

如何防止加热蒸汽形成的冷凝水回流？它影响传热系数的计算吗？

6.5.1　实验目的

（1）通过对空气－水蒸气简单套管换热器的实验研究，掌握对流传热系数 α_i 的测定方法，加深对其概念和影响因素的理解。并应用线性回归分析方法，确定关联式 $Nu = ARe^m Pr^{0.4}$ 中常数 A 和 m 的值。

（2）通过对管程内部插有螺旋线圈和采用螺旋扁管为内管的空气－水蒸气强化套管换热器的实验研究，测定其准数关联式 $Nu = BRe^m$ 中常数 B 和 m 的值以及强化比 Nu/Nu_0，了解强化传热的基本理论和基本方式。

6.5.2　实验原理

温度是表征分子无规则运动的剧烈程度的量，物体的热能的量的绝对值是没有办法测量出来的。我们所讨论的热量是热能传递过程中的量，它是某一过程的变化量。热的传递方式有：对流（流体中的质点发生相对位移而引起的热交换）、辐射（因为热的原因而产生的电磁波在空间的传递）和传导（静止物质内的一种传热方式，没有物质的宏观位移）。在实际应用中，有些场合需要加强传热过程的进行，有些场合则需要弱化传热过程的进行。传热强化的途径：加大传热温差，加大传热系数（使用导热性好的材料，提高流体速度，改变流动状态，引入机械振动，使用热辐射性能好的材料），增大传热面积。弱化传热过程则用相反的方式。根据传热的基本方程、牛顿冷却定律以及圆筒壁的传导方程，已知传热设备的结构尺寸，只要测得传热速率 Q 及相关的温度，即可以求出传热系数、给热系数和导热系数。本实验通过对空气－水蒸气简单套管换热器及空气－水蒸气化套管换热器的实验研究了解强化传热的基本理论和基本方式。强化传热实际上是普通的光滑套管上引入周期性的螺旋结构，破坏流体在光滑套管表面的层流层，在套管表面形成涡流，使更多的流体分子接近换热表面，从而提高传热效率。

1. 对流传热系数 α_i 的测定

对流传热系数 α_i 可以根据牛顿冷却定律用实验来测定：

$$\alpha_i = \frac{Q_i}{\Delta t_m \cdot S_i} \tag{6-22}$$

式中　α_i——管内流体对流传热系数，$W/(m^2 \cdot \text{℃})$；

Q_i——管内传热速率,W;

S_i——管内换热面积,m^2;

Δt_m——内壁面与流体间的温差,℃。

Δt_m由下式确定:

$$\Delta t_m = t_w - \frac{t_1 + t_2}{2} \tag{6-23}$$

式中 t_1,t_2——冷流体的入口、出口温度,℃;

t_w——壁面平均温度,℃。

因为换热器内管为紫铜管,其导热系数很大,且管壁很薄,故认为内壁温度、外壁温度和壁面平均温度近似相等,用t_w来表示。

管内换热面积:

$$S_i = \pi d_i L_i \tag{6-24}$$

式中 d_i——内管管内径,m;

L_i——传热管测量段的实际长度,m。

由热流量衡算式:

$$Q_i = W_m c_{pm}(t_2 - t_1) \tag{6-25}$$

其中,质量流量W_m由下式求得:

$$W_m = \frac{V_m \cdot \rho_m}{3\ 600} \tag{6-26}$$

式中 V_m——冷流体在套管内的平均体积流量,m^3/h;

c_{pm}——冷流体的比定压热容,kJ/(kg·℃);

ρ_m——冷流体的密度,kg/m^3。

c_{pm}和ρ_m可根据定性温度t_m查得,$t_m = \dfrac{t_1 + t_2}{2}$为冷流体进出口平均温度。$t_1$,$t_2$,$t_w$,$V_m$可采取一定的测量手段得到。

2. 对流传热系数准数关联式的实验确定

流体在管内作强制湍流,被加热状态,准数关联式的形式为:

$$Nu = ARe^m Pr^n \tag{6-27}$$

其中,

$$Nu = \frac{\alpha_i d_i}{\lambda_m}$$

$$Re = \frac{u_m d_i \rho_i}{\mu_m}$$

$$Pr = \frac{c_{pm} \mu_m}{\lambda_m}$$

u_m为平均流速,物性数据λ_m(平均导热系数)、c_{pm}(平均·定压比热容)、ρ_m(平均密度)、μ_m(平均黏度)可根据定性温度t_m查得。经过计算可知,对于管内被加热的空气,普兰特准数Pr变化不大,可以认为是常数,则关联式的形式可简化为:

$$Nu = ARe^m Pr^{0.4} \tag{6-28}$$

通过实验确定不同流量下的Re与Nu,然后用线性回归方法确定A和m的值。

同样地,在强制对流的条件下通过实验确定不同流量下的 Re 与 Nu,然后用线性回归方法确定相应的 A 和 m 的值。

3. 实验的测量手段

(1)空气流量的测量

空气主管路由孔板与差压变送器和二次仪表组成空气流量计,孔板流量计在 20 ℃ 时标定的流量与压差之间的关系式为

$$V_{20} = 22.696 \times (\Delta p)^{0.5} \qquad (6-29)$$

式中　Δp——孔板流量计两端压差,kPa;

　　　V_{20}——20 ℃时的体积流量,m^3/h。

孔板流量计在实际使用时往往不是 20 ℃,此时需要对该读数进行校正:

$$V_{t1} = V_{20} \cdot \frac{273 + t_1}{273 + 20} \qquad (6-30)$$

式中　t_1——流量计处温度,也是空气入口温度,℃;

　　　V_{t1}——流量计处体积流量,也是空气入口体积流量,m^3/h。

由于被测管段内温度的变化,还需对体积流量进行进一步的校正:

$$V_m = V_{t1} \cdot \frac{273 + t_m}{273 + t_1} \qquad (6-31)$$

式中　V_m——传热管内平均体积流量,m^3/h;

　　　t_m——传热管内平均温度,℃。

(2)温度的测量

实验采用 Cu50 铜电阻测得,由多路巡检表(毫伏计)以数值形式显示(1—光滑管进口温度;2—光滑管出口温度;3—强化管进口温度;4—强化管出口温度;5—加热釜的水温)。壁温采用热电偶温度计测量,光滑管的壁温由显示表的上排数据读出,强化管的壁温由显示表的下排数据读出。

(3)电加热釜

电加热釜是产生水蒸气的装置,使用体积为 7 L(加水至液位计的上端红线),内装有一支2.5 kW的螺旋形电热器,当水温为 30 ℃时,用 200 V 电压加热,约 25 min 后水便沸腾,为了安全和长久使用,建议最高加热(使用)电压不超过 200 V(由固态调压器调节)。

为了防止实验过程中液位过低导致加热器干烧而使其损坏,加热釜中加有一个液位自动报警装置,如果液位过低会鸣叫以示提醒。

(4)气源(鼓风机)

气源又称漩涡气泵,XGB-2 型,由无锡市仪表二厂生产,电机的功率为 0.75 kW,在本实验装置上产生的最大和最小空气流量基本满足要求,使用过程中输出空气的温度呈上升趋势。

6.5.3　实验装置流程及设备技术参数

实验装置流程如图 6-8 所示。

实验装置结构参数如表 6-6 所示。

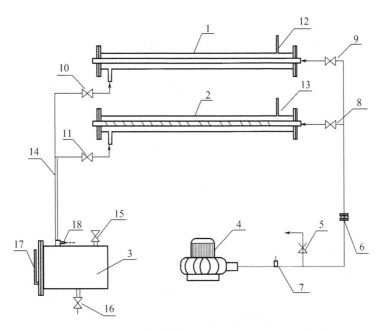

图6-8 空气-水蒸气传热综合实验装置流程示意图

1—普通套管换热器;2—内插有螺旋线圈的强化套管换热器;3—蒸汽发生器;4—旋涡气泵;
5—旁路调节阀;6—孔板流量计;7—风机出口温度(冷流体入口温度)测试点;
8,9—空气支路控制阀;10,11—蒸汽支路控制阀;12,13—蒸汽放空口;
14—蒸汽上升主管路;15—加水口;16—放水口;
17—液位计;18—冷凝液回流口

表6-6 实验装置结构参数

实验内管内径 d_i		20.00 mm
实验内管外径 d_o		22.0 mm
实验外管内径 D_i		50 mm
实验外管外径 D_o		57.0 mm
测量段(紫铜内管)长度 l		1.00 m
强化内管内插物 (螺旋线圈)尺寸	丝径 h	1 mm
	节距 H	40 mm
加热釜	操作电压	≤200 V
	操作电流	≤10 A

6.5.4 操作方法(在整个实验过程中始终保持换热器出口处有水蒸气冒出)

(1)实验前的准备工作:向电加热釜加水至液位计上端红线处,检查空气流量旁路调节阀5是否全开。

(2)接通电源总闸,打开加热电源开关,设定加热电压,开始加热。

(3)关闭通向强化套管的蒸汽支路控制阀11,打开通向简单套管的蒸汽支路控制阀

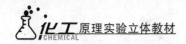

10,当简单套管换热器的蒸汽放空口12有水蒸气出时,可启动风机,此时要关闭空气支路控制阀8,打开空气支路控制阀9。在整个实验过程中始终保持换热器出口处有水蒸汽冒出。

(4)启动风机后用旁路调节阀5来调节流量,调好某一流量后稳定5~10 min后,分别测量空气的流量(压差计读出),空气进、出口的温度及壁面温度,然后改变流量测量下组数据。一般从小流量到最大流量之间要测量5~6组数据。

(5)做完简单套管换热器的数据后,要进行强化套管换热器实验。先打开蒸汽支路控制阀11,全部打开旁路调节阀5,关闭蒸汽支路控制阀10,关闭空气支路控制阀9,打开空气支路控制阀8,进行强化管传热实验。实验方法同步骤4。

(6)实验结束后,依次关闭加热电源、风机和总电源。一切复原。

6.5.5　注意事项

(1)检查蒸汽加热釜中的水位是否在正常范围内。特别是每个实验结束后,进行下一实验之前,如果发现水位过低,应及时补给水量。

(2)必须保证蒸汽上升管线的畅通。即在给蒸汽加热釜电压之前,两蒸汽支路阀门之一必须全开(为保证安全,蒸汽支路控制阀10和11保持常开状态)。在转换支路时,应先开启需要的支路阀,再关闭另一侧,且开启和关闭阀门必须缓慢,防止管线截断或蒸汽压力过大突然喷出。

(3)必须保证空气管线的畅通。即在接通风机电源之前,两个空气支路控制阀之一和旁路调节阀必须全开。在转换支路时,应先关闭风机电源,然后开启和关闭支路阀。

(4)调节流量后,应至少稳定5~10 min后读取实验数据。

(5)实验中保持上升蒸汽量的稳定,不应改变加热电压,且保证蒸汽放空口一直有蒸汽放出。

6.5.6　实验记录表

表6-7为简单套管换热器数据表,表6-8为强化套管换热器数据表。

表6-7　简单套管换热器数据表

设备装置号:＿＿＿＿＿传热管内径:＿＿＿＿＿

传热管有效长度:＿＿＿＿＿冷流体:＿＿＿＿＿热流体:＿＿＿＿＿

	1	2	3	…
空气流量读数 $\Delta p/\text{kPa}$				
空气入口温度 $t_1/℃$				
空气出口温度 $t_2/℃$				
壁温 $t_w/℃$				
空气在 t_1 时的密度 $\rho_{t1}/(\text{kg/m}^3)$				
空气平均温度 $t_m/℃$				
空气在入口处流量 $V_{t1}/(\text{m}^3/\text{h})$				
空气平均流量 $V_{tm}/(\text{m}^3/\text{h})$				
空气平均流速 $u_{tm}/(\text{m/s})$				

表6-7(续)

设备装置号：_____传热管内径：_____
传热管有效长度：_____冷流体：_____热流体：_____

		1	2	3	...
空气在平均温度时的物性	$\rho_{tm}/(\text{kg/m}^3)$				
	$\mu_{tm}/(\text{Pa}\cdot\text{s})$				
	$\lambda_{tm}/(\text{W/m}^2\cdot\text{℃})$				
	$c_p/(\text{kJ/kJ}\cdot\text{℃})$				
空气进出口温度之差$(t_2-t_1)/℃$					
壁面和空气的温差$(t_w-t_m)/℃$					
空气的传热速率 Q/W					
空气侧对流传热系数 $\alpha_i/(\text{W}/(\text{m}^2\cdot\text{℃}))$					
Re					
$Nu/Pr^{0.4}$					

表6-8 强化套管换热器数据表

设备装置号：_____传热管内径：_____传热管有效长度：_____冷流体：_____
热流体：_____

		1	2	3	...
空气流量读数 $\Delta p/\text{kPa}$					
空气入口温度 $t_1/℃$					
空气出口温度 $t_2/℃$					
壁温 $t_w/℃$					
空气在t_1时的密度 $\rho_{t1}/(\text{kg/m}^3)$					
空气平均温度 $t_m/℃$					
空气在入口处流量 $V_{t1}/(\text{m}^3/\text{h})$					
空气平均流量 $V_{tm}/(\text{m}^3/\text{h})$					
空气平均流速 $u_{tm}/(\text{m/s})$					
空气在平均温度时的物性	$\rho_{tm}/(\text{kg/m}^3)$				
	$\mu_{tm}/(\text{Pa}\cdot\text{s})$				
	$\lambda_{tm}/(\text{W}/(\text{m}^2\cdot\text{℃}))$				
	$c_p/(\text{kJ/kJ}\cdot\text{℃})$				
空气进出口温度之差$(t_2-t_1)/℃$					
壁面和空气的温差$(t_w-t_m)/℃$					

表 6 - 8（续）

设备装置号：_____传热管内径：_____传热管有效长度：_____冷流体：_____

热流体：_____

	1	2	3	…
空气的传热速率 Q/W				
空气侧对流传热系数 $\alpha_i/(W/(m^2 \cdot ℃))$				
Re				
Nu				
$Nu/Pr^{0.4}$				
Nu_0（用普通套管的回归式求出的）				
Nu/Nu_0（Re 相同）				

6.5.7 计算过程模板

1. 普通套管换热器的第_____组数据：

空气流量读数 Δp：_____空气入口温度 t_1：_____

空气出口温度 t_2：_____壁温 t_w：_____

（1）空气平均温度 t_m 及物性参数：

（2）空气平均流量 V_{tm} 及平均流速 u_{tm}：

（3）传热速率 Q：

（4）对流传热系数 α_i：

（5）Re、Pr、Nu 的计算：

（6）关联式 $Nu_i = A Re_i^m Pr_i^{0.4}$ 中常数 A、m 的确定（双对数坐标纸，线性回归分析法）：

2. 强化套管换热器的第_____组数据：

空气流量读数 Δp：_____空气入口温度 t_1：_____

空气出口温度 t_2：_____壁温 t_w：_____

步骤（1）~（6）同简单套管换热器计算步骤。

（7）Re、Pr 代入简单套管换热器关联式，求出 Nu_0：

（8）强化比 Nu/Nu_0（Re 相同）：

6.5.8 思考题

1. 强化传热的效果的评价指标是什么？如何评价？

2. 换热器内外管环隙间的饱和蒸汽压强发生变化，是否对管内空气对流传热系数的测量有影响？请说明理由。

6.6　实验6　气体的吸收与解吸实验

1. 对于难溶气体而言,影响传质系数的因素有哪些?
2. 如何计算水中溶解氧的浓度?
3. 如何计算填料塔中液相传质系数?

6.6.1　实验目的

(1)熟悉吸收－解吸工艺流程,了解塔结构。

(2)测定填料塔中液相传质系数(或传质单元高度)及其与液体喷淋密度的关系;

(3)比较水中氧的解吸传质系数是否相等,并分析原因。

6.6.2　实验原理

根据气液两相之间传质的双膜理论,溶解度小的气体即难溶气体的吸收或解吸过程,其传质阻力主要在液相,这时液相总传质系数(K_L)接近于液相传质系数(k_L),因此应用难溶气体的吸收或解吸过程测定填料塔的液相传质系数(K_L)或液相传质单元高度(H_L)是通常采用的方法。就气体在水中溶解度而论,H_2、O_2、N_2 及 CO_2 等都属难溶气体。此外,实验证明,对液相传质,吸收和解吸的传质系数是相同的。为了方便,本实验采用 O_2 从水中解吸的过程测定填料塔的液相传质系数。具体的就是应用氮气做载气,在常温、常压下在填料塔中解吸出水中的溶解 O_2,从而测定不同喷淋密度下液相传质系数。填料塔中液相传质系数受喷淋密度的影响较大,而气速在拦液点以下并无明显影响。因此,本实验中主要改变水的流量以测其传质系数。

实验测定在一定高度的填料塔中进行,由于实验物系的相平衡关系为直线,所以根据解吸(或吸收)速率方程,填料层高度的计算式为

$$H = \frac{L}{K_{xa}} \cdot \frac{x_1 - x_2}{\Delta x_m} \tag{6-32}$$

故液相传质系数为:

$$K_{xa} = \frac{L}{H} \cdot \frac{x_1 - x_2}{\Delta x_m} \tag{6-33}$$

式中　K_{xa}——液相体积总传质系数,kmol/(m³·h);

　　　L——液体喷淋密度,kmol/(m²·h);

　　　H——填料层高度,m;

　　　$x_1 - x_2$——塔顶、塔底液相中 O_2 的摩尔分数;

　　　Δx_m——塔内液相平均推动力。

$$\Delta x_{\mathrm{m}} = \frac{\Delta x_1 - \Delta x_2}{\ln \dfrac{\Delta x_1}{\Delta x_2}}$$

$$\Delta x_1 = x_1 - x_{1e}$$

$$x_{1e} = \frac{y_1}{m}$$

$$\Delta x_2 = x_2 - x_{2e}$$

$$x_{2e} = \frac{y_2}{m}$$

其中,m 为相平衡常数;y_1,y_2 为塔顶、塔底气相中氧的摩尔分数。

在本实验的具体情况下,进口气体中不含 O_2,即 $y_2 = 0$,故 $x_{2e} = 0$。同时出口气体中 O_2 的浓度也很小,完全可以忽略,因而 $y_1 \approx 0$;$x_{1e} \approx 0$,则有 $\Delta x_1 = x_1 - x_{1e} \approx x_1$,$\Delta x_2 = x_2 - x_{2e} \approx x_2$,故式(6 - 32)可转化为

$$H = \frac{L}{K_{xa}} \cdot \ln \frac{x_1}{x_2}$$

若在实验中,在稳定操作条件下,测得水的进出口 O_2 的摩尔分数 x_1 和 x_2,水的喷淋密度 L,则可由此式求得传质系数 K_{xa},因为气相传质阻力可以忽略,故其值为液相传质系数。

根据实验测定的数据,可以考察液相传质系数 K_{xa}(或 K_{La})与液体喷淋密度的关系。一般情况下,填料塔的液相传质系数与液体喷淋密度的 0. 6 ~ 0. 8 次方成正比,即 $K_{xa} \propto L^{0.6 \sim 0.8}$。

其可根据数据测定,也可整理成经验公式,下面推荐一个公式供参考。

$$\frac{K_{\mathrm{La}}}{D} = B \left(\frac{L'}{\mu}\right)^{0.75} S_{\mathrm{CL}}^{0.5} \qquad (6 - 34)$$

式中　K_{La}——液相体积传质系数,$\mathrm{kmol/m^2 \cdot h(kmol/m^3)}$ 或 $1/\mathrm{h}$;

$K_{\mathrm{La}} = K_{Xa}/C$,$C$ 为溶液的总摩尔浓度,$\mathrm{kmol/m^3}$;

H_L——液相传质单元高度,m;

B——系数,$B = 530$;

L'——液体质量喷淋密度,$\mathrm{kg/(m^2 \cdot h)}$

S_{CL}——施密特(Shmidt)准数,无因次,$S_{\mathrm{CL}} = \mu/\rho D$;

μ——液体黏度 $\mathrm{kg/(m \cdot h)}$;

ρ——液体密度,$\mathrm{kg/m^3}$;

D——溶质气在液体中的分子扩散系数,$\mathrm{m^2/h}$。

应该指出的是,以上推荐式并非是准确式。此式是根据许多学者的实验结果给出的一个综合计算式,适用于 12. 5 ~ 75 mm($3/8'' \sim 3''$)拉西环和弧鞍填料,最大误差20%。这一误差(偏差)的产生,估计是由于各种不同尺寸填料填装情况和液体分布情况不同造成的。

6.6.3　实验装置及流程

实验装置由饱和塔、解吸塔、吸收塔及辅助设备组成,其流程如图6 - 9所示。其中,所用的三个填料塔均是内径75 mm 的有机玻璃塔柱,内装 θ 环高效填料,其填料层高度均为 0. 5 m,实验用的测量仪表均在仪表柜上。

实验用水由富液罐 11 提供，经富液泵 6 打入饱和塔 3 塔顶，其流量大小由水流量计 13 计量；由空气泵 7 将空气送入饱和塔 3 的底部，流量由空气流量计 17 计量，气液两相充分接触后制备的饱和水流入饱和水槽 10，并由饱和水泵 4 直接送到解吸塔 1 顶部，其流量由水流量计 14 计量，塔底设置水封保持塔底水面恒定，防止塔底气体从排出口短路排出，在排水口用温度计测量水温；氮气由氮气瓶 12 供给，用氮气流量计 16 计量流量。由解吸塔制备的贫氧液由塔底经贫液泵 5 输送至吸收塔 2 塔顶，其流量由水流量计 15 计量；来自空气泵 7 的空气经空气流量计 18 进入吸收塔塔底，吸收 O_2 后的水由塔底水封流入富液罐 11 中循环使用。吸收塔和解吸塔均在常压下操作。

分析进塔和出塔水中的溶解氧浓度采用极谱法测氧仪，测氧仪由电极 20 和电气线路组成，并用毫伏表 21 记录读数。由于测氧仪每次只能分析一个水样，故用三通阀变换进入测氧仪的水样。水样的流量由接在电极后面的取样水流量计 19 计量。为消除系统误差，保持测氧仪水样流量不变，使用时先用饱和水进行标定，其输出作为已知给定值，由于测氧仪的输出与水中溶解氧浓度成线性关系，其他水样的溶解氧浓度可由毫伏表 21 输出，并按正比关系换算。

6.6.4　实验方法

应在具体熟悉了实验装置的流程并了解了自始至终的实验方法后，再动手实验。首先制取饱和水，将水注入富液罐 11，由富液泵 6 输送至饱和塔 3 顶部，由空气泵 7 将空气送入饱和塔 3 的底部，饱和水流至饱和水槽 10 中；不同温度下的饱和水中溶解氧浓度可查表，用饱和水标定测氧仪。

当饱和水槽 10 有溢流以后，即可向解吸塔 1 和吸收塔 2 供水。注意供给饱和水槽 10 的流量应略多于所需水量。同时向塔内通入气体。气体流量在整个实验中保持恒定，控制在指定刻度上。水量从 10 L/h 至 60 L/h 改变 6 次，一般从小流量向大流量变化为宜。

系统运转稳定后，用测氧仪测定不同水样的含氧量。在操作过程中，水样分析可有两种方式：一种是先分析解吸塔，再分析吸收塔；另一种是解吸塔与吸收塔同时分析。实验中要记录的数据包括进塔水流量、水温、氮气流量和进塔、出塔水中的溶解氧浓度以及空气饱和水的温度和浓度。

实验结束后，停水、停气并停测氧仪和记录仪。

6.6.5　注意事项

（1）饱和水浓度测定应确定准确基点；

（2）实验开始阶段应适当加大流量排出气泡，确定管道内无气泡之后进行实验，否则将引起实验结果误差较大。

（3）每次改变条件需要有足够的稳定时间；

（4）采集实验数据不能漏项；

（5）取样流量应与测量饱和水取样流量一致。

6.6.6　数据处理

要求在实验报告中列出一组数据的计算过程和结果，并用 K_{La} 或 H_L 对喷淋密度在双对数坐标纸上标绘。考查 K_{La} 或 H_L 与 L 的关系。

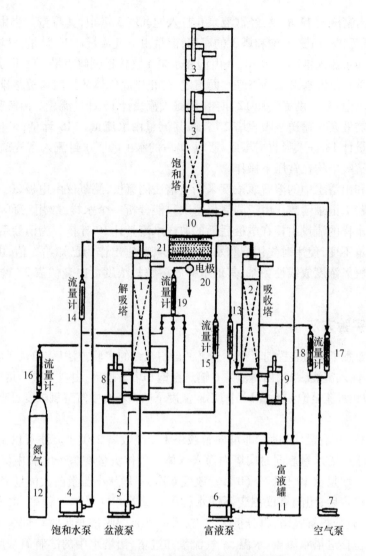

图 6 – 9 气体的吸收与解吸实验装置流程示意图

1—解吸塔;2—吸收塔;3—饱和塔;4—饱和水泵;5—贫液泵;6—富液泵;7—空气泵;8,9—液封罐;
10—饱和水槽;11—富液罐;12—氮气瓶;13,14,15—水流量计;16—氮气流量计;
17,18—空气流量计;19—取样水流量计;20—电极;21—毫伏表

6.6.7 实验记录表

填料塔内径_____,填料层高度_____,氮气流量_____,取样水量_____。
饱和水样温度_____,饱和水溶解氧浓度_____,测氧仪指示_____。

表 6 – 9 为气体的吸收与解吸实验数据记录表。

表 6 - 9　气体的吸收与解吸实验数据记录表

序号					
解吸塔塔顶水流量					
解吸塔塔顶电位输出值					
解吸塔塔底电位输出值					

6.6.8　思考题

1. 简要说明饱和水在实验中的作用。

2. 绘图表示平衡线和操作线之间的关系,并说明不同喷淋密度下的操作线有何变化。

6.7　实验 7　筛板式精馏塔的操作及塔板效率测定实验

1. 取样后的容量瓶是否应该盖上塞子,原因是什么?

2. 温习气相色谱仪操作的相关知识。

6.7.1　实验目的

(1)了解筛板式精馏塔的结构和操作。

(2)学习精馏塔性能参数的测量方法,并掌握其影响因素。

6.7.2　实验内容

(1)观察精馏塔的液泛和漏液等现象。

(2)测定精馏塔在全回流条件下,稳定操作后的全塔理论板数和总板效率(芬斯克方程、逐板计算和图解阶梯法三种方式求解)。

6.7.3　实验原理

1. 总板效率 η 的测定

在板式精馏塔中,混合液的蒸气逐板上升,回流液逐板下降。气、液两相在塔板上层接触,实现传质、传热过程而达到分离的目的。如果在每层塔板上液体与其上升的蒸气处于平衡状态,则称该塔板为理论板。然而,在实际操作的塔中,由于接触时间有限,气、液两相不可能达到平衡,即实际塔板的分离效果达不到一块理论板的作用,因此精馏塔所需的实际板数总是比理论板数要多。对二元物系,倘知其气 – 液平衡数据,在全回流时,根据塔顶、塔底液相组成可求得理论板数,理论板数 N_T 与实际板数 N 之比,称作塔的总板效率 η。

$$\eta = N_T / N \tag{6 - 35}$$

精馏塔在稳定操作后,即釜压、釜温度一定时(建议压力 150 mmH₂O(即 1.47 kPa),温度 92 ℃),各层塔板的鼓泡高度基本一致,蒸馏 20 min 以上,从塔顶、塔釜同时用容量瓶取样分析。本实验采用以下两种分析方法。

(1)热导池气相色谱仪(TCD)分析法

色谱仪满足测量条件时(具体操作步骤及原理见本书第 4 章),从塔顶、塔釜同时用容量瓶取样 3 mL,用进样器分别取样,每次进样量 0.5 μL,在计算机上分别读取乙醇和水的峰面积之后,代入式(6 – 36)中可计算出相应乙醇含量。

采用的实验物系:乙醇 – 水。常温下,样品中乙醇含量的测定公式(面积归一法):

$$\omega_{M醇} = \cfrac{1}{\cfrac{A_水}{f_M \cdot A_醇} + 1} \tag{6 – 36}$$

式中　ω_M——摩尔分数;

　　　A——峰面积;

　　　f_M——相对摩尔校正因子。

(2)酒度计分析法

从塔顶、塔釜同时用容量瓶取样 10 mL,冷却至室温,用酒度计、温度计测相应的值,再到酒度折算表(酒度计厂家配套提供)上查出对应 20 ℃时的酒度 V_{20}(体积分数),再换算成摩尔分数,可得相应乙醇浓度。

$$\omega_{M醇} = \frac{17.126 V_{20}}{553\,9.4 - 38.268 V_{20}} \tag{6 – 37}$$

2. 上升蒸气量及蒸气速度

(1)上升蒸气量

上升蒸气量可根据蒸气所需热量计算。由于设备保温良好,故热损失可以忽略,所以可认为电热器放出的热量全部用来加热液体混合物,即

$$Q_电 = Q_热 = V'' r_m \tag{6 – 38}$$

$$V'' = \frac{Q_电}{r_m} = \frac{3\,600\,IV}{1\,000\,r_m} \tag{6 – 39}$$

式中　V''——上升蒸气量,kmol/h;

　　　3 600——电热当量,kJ/(kW·h);

　　　I——电流,A;

　　　V——电压,V;

　　　r_m——原料液的平均汽化潜热,kJ/kmol。

$$r_m = r_乙 M_乙 x_F + r_水 M_水 (1 - x_F)$$

$$r_水 = 2\,258 \text{ kJ/kg}$$

$$r_乙 = 846 \text{ kJ/kg}(101.3 \text{ kPa})$$

(2)蒸气速度

$$u = \frac{V'}{3\,600 \times \cfrac{\pi}{4} D^2} \tag{6 – 40}$$

式中　u——蒸气速度,m/s;

V'—塔釜操作温度下的体积流量,m^3/h;

$$V' = V'' \times 22.4 \times \frac{T}{T_0} \times \frac{p_0}{p} \qquad (6-41)$$

式中　T_0,p_0——标准状态下温度(273 K)和压力(760 mmH$_2$O,即 101.325 kPa);

　　　　T,p——操作条件下的温度和绝对压力;

　　　　D——塔内径,m。

6.7.4　实验装置的流程

实验装置流程如图 6-10 所示,为一小型筛板塔,共有 7 层塔板,采用不锈钢制造,塔体上、中、下各有一玻璃塔节,用以观察塔内操作情况。塔径 ϕ57 mm×3 mm,板间距100 mm,塔顶和塔釜处有取样口,在筛板上有降液管和溢流堰,板上开有 ϕ2 mm 筛孔 12 个,正三角形排列。

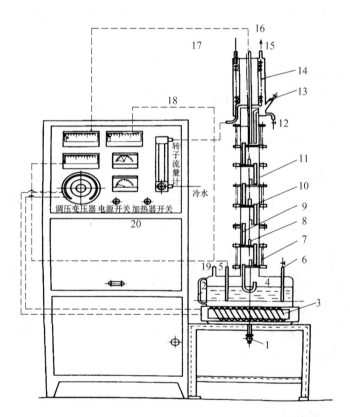

图 6-10　筛板式精馏塔的操作及塔板效率测定实验装置流程示意图

1—釜液取样口;2—液面计;3—加热器;4—塔釜;5—塔釜测温接管;6—加料口;7—玻璃塔节;
8—溢流挡板;9—降液管;10—塔板;11—不锈钢塔节;12—塔顶取样口;13—温度计插孔;14—冷凝器;
15—放空管;16—塔顶温度接管;17—冷却水出口;18—冷却水进口;19—测釜压接管;20—仪表柜;

塔底有一加热釜,卧式,装有液面计(用来观察和控制釜内液面高度)、加料接管和釜液取样管。釜内装有管式电加热器,最大功率 1 kW。用 TDGC-1/0.5 型调压器控制加热量,有电流表和电压表指示。塔顶为一蛇管式冷凝器,冷却水走管内,由 LZB-10 型转子流量计计量冷却水的流量,酒精蒸气在管外冷凝,冷凝液可由塔顶全部回流,也可由塔顶取样管将冷凝液(馏出液)全部放出。

塔顶(气相)、塔釜(液相)分别用 WZB - BA 型玻璃铂电阻温度计测量温度,由仪表柜上的 XCZ - 102 型温度指示仪指示。釜内压力用 YEJ - 101 型压力指示仪指示。

6.7.5　实验步骤

(1)熟悉精馏塔设备的结构和流程,并了解各部分的作用。配制一定浓度的乙醇 - 水混合液,混合均匀后,在精馏塔釜中加入其容积 2/3 的乙醇 - 水混合液(乙醇的体积分数为 15% ~ 20%)。保证加热釜中液面浸没电加热器。

(2)接通塔釜加热器电源,设定加热功率/电流进行加热。然后,用手动旋钮慢慢加大电流,电流大小由安培表指示,正常操作可控制在 3 ~ 4 A。当塔釜中液体开始沸腾时,注意观察塔内气、液接触状况,当塔顶有液体回流后,向塔顶冷凝器通入冷却水,其用量能将全部乙醇气冷凝下来即可,不必将水阀全部打开,以免浪费,但也要注意勿因冷却水过少而使蒸气从塔顶喷出。当塔板上气液鼓泡正常,操作稳定,且塔顶、塔釜温度恒定不变,即可取样。

(3)在塔顶和塔釜分别取样,取样前应先取少量试样冲洗 1 ~ 2 次,用塞子塞严锥形瓶。冷却至室温,用气相色谱仪测量样品浓度。

(4)取样后,加大功率/电流,观察液泛现象。这时塔内压力明显增加。现象观察完毕后,将加热电流缓慢减少至零,切断电源。待塔釜温度冷却至室温后,关闭冷却水。将一切复原,并打扫实验室卫生,将实验室水电切断后,方能离开实验室。

6.7.6　注意事项

(1)实验过程中要注意安全,实验所用物系是易燃且易挥发物品,操作过程中避免洒落,以免发生危险,并尽量减少测量过程中的乙醇挥发。

(2)本实验加热时应注意加热千万别过快,以免发生爆沸(过冷沸腾)使釜液从塔顶冲出,若遇此现象应立即断电,重新加料到指定冷液面,再缓慢升电压,重新操作。升温和正常操作中釜的电功率不能过大。加热时,仪器前必须有人看管。

(3)开车时必须先接通冷却水,方能进行塔釜加热,停车时则相反。

(4)使用气相色谱仪测浓度结束时,应按停止加热按钮。待柱室、汽化室及热导室温度降至室温后,再关闭载气及电源开关。

6.7.7　实验数据表

实验数据如表 6 - 10 所示。

表 6 - 10　筛板式精馏塔的操作及塔板效率测定实验数据表

装置实际塔板数:＿＿＿＿＿　物系:＿＿＿＿＿　相对摩尔校正因子 f_M:＿＿＿＿＿

全回流:$R = \infty$		气相色谱内标法		峰面积 A	停留时间 t/min
加热源		塔顶组成	水		
塔顶温度/℃			乙醇		

6.7.8 思考题

1.如果回流比由定值增加到∞时,塔顶产品的浓度、塔顶产品的产量如何变化? 这对于化工设计和生产中回流比的选择有什么指导意义?

2.如何判断精馏塔的操作是否已经稳定?

3.如何选择加热电流? 其过大、过小对操作有什么影响?

4.板式塔气、液两相的流动特点是什么?

6.8 实验8 精馏综合实验

1.如何选择适合本实验操作的回流比?

2.回忆摩尔(质量)校正因子的差别。

6.8.1 实验目的

(1)熟悉精馏的工艺流程,了解筛板式精馏塔的结构和操作。

(2)学习精馏塔性能参数的测量及调节方法,并掌握其影响因素。

6.8.2 实验内容

(1)观察精馏塔的液泛和漏液等现象。

(2)观察精馏塔内气、液两相的接触状态。

(3)测定精馏塔在全回流及部分回流条件下,稳定操作后的全塔理论板数和总板效率(芬斯克方程和图解阶梯法两种方式求解)及单板效率,或测定填料塔的填料层高度。

(4)了解气相色谱法测定混合物组成的方法。

本实验装置设置了三个不同进料位置,实验过程中可根据塔的不同进料浓度优选出最合适的进料位置,同时还设有三个不同位置的测温点和取样点,可根据取样点的数据计算对应板的单板效率。

6.8.3 实验原理

精馏利用混合物中各组分的挥发度的不同将混合物进行分离。在精馏塔中,再沸器或塔釜产生的蒸气沿塔逐渐上升,来自塔顶冷凝器的回流液从塔顶逐渐下降,气、液两相在塔内实现多次接触,进行传质、传热过程,轻组分上升,重组分下降,使混合液达到一定程度的分离。如果离开某一块塔板(或某一段填料)的气相和液相的组成达到平衡,则称该板(或该段填料)为一块理论板(或一个理论级)。然而,在实际操作的一块塔板上或一段填料层中,由于气、液两相接触时间有限,气、液达不到平衡状态,即一块实际操作的塔板(或一段填料层)的分离效果常常达不到一块理论板(或一个理论级)的作用。要想达到一定的分离要求,实际操作的塔板数总要比所需的理论板数多(或所需的填料层高度比理论上的高)。

对于二元物系,如已知其气液平衡数据,则根据精馏塔的原料液组成、进料热状况、操作回流比及塔顶馏出液组成、塔底釜液组成可以求出该塔的理论板数 N_T。

1. 求塔板效率

塔板效率是体现塔板性能及操作状况的主要参数。影响塔板效率的因素很多,大致可归纳为:流体的物理性质(如黏度、密度、相对挥发度和表面张力等)、塔板结构以及操作条件等。由于影响塔板效率的因素相当复杂,目前仍以实验的方法测定塔板效率。

(1)总板效率(或全塔的效率)

总板效率反映全塔中各层塔板的平均分离效果,常用于板式塔的设计。

$$E_T = \frac{N_T - 1}{N_P} \times 100\% \qquad (6-42)$$

式中 E_T——总板效率;

$\quad\quad N_T$——理论板数;

$\quad\quad N_P$——实际板数。

(2)单板效率

单板效率反映单独的一块板上传质的效果,是评价塔板式性能优劣的重要数据,常用于塔板的研究。如果测出相邻两块塔板的气相或液相组成,则可计算塔的单板效率(塔板数自上向下计数)。

对于气相:

$$E_{MV} = \frac{y_n - y_{n+1}}{y_{n+1}^* - y_{n+1}} \qquad (6-43)$$

对于液相:

$$E_{ML} = \frac{x_{n-1} - x_n}{x_{n-1} - x_n^*} \qquad (6-44)$$

式中 E_{MV}/E_{ML}——以气相/液相浓度表示的单板效率;

$\quad\quad y_n, y_{n+1}$——第 n 块板和第 $n+1$ 块板气相浓度(摩尔分数);

$\quad\quad x_n, x_{n-1}$——第 n 块板和第 $n-1$ 块板液相浓度(摩尔分数);

$\quad\quad y_{n+1}^*$——与离开第 $n+1$ 块板的液体相平衡的气相浓度(摩尔分数);

$\quad\quad x_n^*$——与离开第 n 块板的气体相平衡的液相浓度(摩尔分数)。

2. 理论塔板数 N_T

在全回流操作时,操作线与 $x-y$ 图中的45°对角线相重合,完成一定分离程度所需的塔板数据最少,只需测得塔顶产品组成 x_D 及塔釜产品组成 x_W,就可以用图解法求出理论塔板数 N_T。

在某一回流比下的理论板数的测定可用逐板计算法或图解法。一般常用图解法,具体步骤如下:

(1)在直角坐标上绘出待分离混合液的 $x-y$ 平衡曲线。

(2)根据确定的回流比和塔顶产品浓度作精馏段操作线,精馏段操作线方程:

$$Y_{n+1} = \frac{R}{R+1}x_n + \frac{x_D}{R+1} \qquad (6-45)$$

式中 Y_{n+1}——精馏段内第 $n+1$ 块塔板上气相的组成(摩尔分数);

　　　x_n——精馏段内第 n 块塔板下降的液相的组成(摩尔分数);

　　　x_D——塔顶馏出液的组成(摩尔分数);

　　　R——回流比。

$$R = \frac{L}{D} \qquad (6-46)$$

式中 L——精馏段内液相回流量,kmol/h;

　　　D——塔顶馏出液量,kmol/h。

(3)根据进料热状态参数作 q 线。

q 线方程:

$$y = \frac{q}{q-1}x - \frac{x_f}{q-1} \qquad (6-47)$$

式中 x_f——进料液组成(摩尔分数);

　　　q——进料热状态参数。

$$q = \frac{进料变为饱和蒸气所需的热量}{进料的汽化潜热} = \frac{c_p(T_s - T_f) + r_c}{r_c}$$

其中 c_p——定性温度下进料液的平均比定压热容,kJ/(mol·℃);

　　　T_f——进料温度,℃;

　　　T_s——进料泡点,℃;

　　　r_c——进料的汽化潜热,(kJ/mol);

(4)由塔底残液浓度 x_W 垂线与平衡线的交点,精馏段操作线与 q 线交点的连线作提馏段操作线。

(5)用图解法求出理论塔板数。

6.8.4　实验装置的流程

实验装置流程如图 6-11 所示,板式精馏塔有 9 层塔板。采用的实验物系:乙醇/水。常温下,样品中乙醇含量的测定公式(面积归一法)为

$$\omega_{M醇} = \frac{1}{\dfrac{A_水}{f_M \cdot A_醇} + 1} \qquad (6-48)$$

式中 ω_M——摩尔分数;

　　　A——峰面积;

　　　f_M——相对摩尔校正因子。

6.8.5　实验步骤

(1)实验前准备工作。配制一定浓度的乙醇-水(乙醇的质量分数控制在 20% ~ 30%)混合液,混合均匀后,在精馏塔釜中加入其容积 2/3 的乙醇-水混合液。保证加热釜中液面浸没电加热器。

(2)全回流操作。向塔顶冷凝器通入冷却水,接通塔釜加热器电源,设定加热功率/电流进行加热。当塔釜中液体开始沸腾时,注意观察塔内气、液接触状况,当塔顶有液体回流后,适当调整加热功率,使塔内维持正常的操作状态。进行全回流操作至塔顶温度保持恒

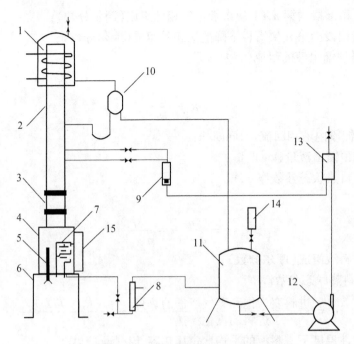

图 6 – 11　实验装置流程示意图

1—塔顶冷凝器;2—塔身;3—视盅;4—塔釜;5—控温棒;6—支座;7—加热棒;8—塔釜液冷却器;
9—转子流量计;10—回流比控制器;11—原料液罐;12—原料泵;13—缓冲罐;14—加料口;15—液位计

定 5 min 后,在塔顶和塔釜分别取样,用塞子塞严锥形瓶,冷却至室温,用气相色谱仪测量样品浓度。取样后,加大功率/电流,观察液泛现象。

(3)部分回流操作。将进料转子流量计调至流量为 1.5 ~ 2 L/h,打开回流比控制器调至回流比为 4,同时接收塔顶、塔底馏出液。待塔内操作正常且塔顶温度稳定 10 min 以上,表明塔内操作达到稳定,此时分别测取塔顶、塔底、进料的浓度,并记录进料温度。

(4)检查数据合理后,停止加料并将加热电压调为零,关闭回流比控制器开关。根据物系的 $t - x - y$ 关系,确定部分回流下进料的泡点温度。

(5)实验结束后,停止加热,待塔釜温度冷却至室温后,关闭冷却水。将一切复原,并打扫实验室卫生,将实验室水电切断后,方能离开实验室。

6.8.6　注意事项

(1)蒸馏釜中料液量要适当,釜中液面保持在液位计的 2/3 左右,乙醇的质量分数为 20% ~ 30%。

(2)用旋钮调节加热功率时应缓慢增大或减小。

(3)注意观察塔顶、塔釜及各板温度变化及塔压变化,及时开启冷却水阀,防止塔顶蒸气从冷凝器排空管喷出。

(4)取样前应对取样器和容器进行清洗。

(5)使用气相色谱仪测浓度结束时,应按停止加热按钮;待柱室、汽化室及热导室温度降至室温后,再关闭载气及电源开关。

6.8.7 实验数据表

实验数据表如表 6 – 11 所示。

表 6 – 11 精馏综合实验数据表

装置实际塔板数：_____ 物系：_____ 相对摩尔校正因子 f_M _____：				
回流比：$R =$ _____		气相色谱内标法	峰面积 A	停留时间 t/min
加热源：		塔顶组成	水	
塔顶温度/℃：			乙醇	
塔釜温度/℃：		塔釜组成	水	
压力/mmH$_2$O			乙醇	

6.8.8 思考题

1. 精馏塔操作中，塔釜压力为什么是一个重要参数？塔釜压力与哪些因素有关？

2. 操作中增加回流比的方式是什么？能否采用减少塔顶出料量的方法？

3. 若精馏塔在操作过程中由于塔顶采出率过大而造成产品不合格，恢复正常的最快、最有效的方法是什么？

4. 本实验中，进料状态为冷态进料，当进料量太大时，为什么会出现精馏段干板，甚至出现塔顶既没有回流也没有出料的现象？应如何调节？

6.9 实验9 液液萃取实验

1. 影响液液萃取效果的因素有哪些？
2. 为什么轻相入口的浓度有限制？

6.9.1 实验目的

(1) 了解往复式萃取塔、桨叶式旋转萃取塔的结构。

(2) 掌握萃取塔性能的测定方法。

(3) 了解萃取塔传质效率的强化方法。

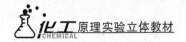

6.9.2 实验内容

（1）观察不同往复/旋转频率时，塔内液滴变化情况和流动状态。

（2）固定两相流量，测定不同往复/旋转频率时萃取塔的传质单元数 N_{OE}、传质单元高度 H_{OE} 及体积总传质系数 K_{YEa}。

6.9.3 实验原理

分离液体混合物用的单元操作除蒸馏外，应用较广的就是萃取。它是利用液体各组分在溶剂中溶解度的差异，来分离液体混合物。本实验以水为萃取剂，从煤油中萃取苯甲酸，水相为萃取相（用字母 E 表示，在本实验中又称连续相、重相），煤油相为萃余相（用字母 R 表示，在本实验中又称分散相、轻相）。轻相入口处，苯甲酸与煤油的质量比组成约为 0.001 5 ~ 0.002 0 kg苯甲酸/kg 煤油为宜。轻相由塔底进入，作为分散相向上流动，经塔顶分离后由塔顶流出。重相由塔顶进入，作为连续相向下流动至塔底流出。轻重两相在塔内呈逆向流动。在萃取过程中，苯甲酸部分地从萃余相转移至萃取相。萃取相及萃余相的进出口浓度由容量分析法测定。考虑水与煤油是完全不互溶的，且苯甲酸在两相中的浓度都很低，可认为在萃取过程中两相液体的体积流量不发生变化。

1. 按萃取相计算的传质单元数 N_{OE}

$$N_{OE} = \int_{Y_{Et}}^{Y_{Eb}} \frac{\mathrm{d}Y_E}{(Y_E^* - Y_E)} \tag{6-49}$$

式中 Y_{Et}——苯甲酸在进入塔顶的萃取相中的质量比组成，kg 苯甲酸/kg 水；（本实验中 $Y_{Et} = 0$）；

Y_{Eb}——苯甲酸在离开塔底的萃取相中的质量比组成，kg 苯甲酸/kg 水；

Y_E——苯甲酸在塔内某一高度处萃取相中的质量比组成，kg 苯甲酸/kg 水；

Y_{E*}——与苯甲酸在塔内某一高度处萃余相组成 X_R 成平衡的萃取相中的质量比组成，kg 苯甲酸/kg 水。

用 Y_E-X_R 图上的分配曲线（平衡曲线）与操作线可求得 $\dfrac{1}{(Y_E^* - Y_E)}$-Y_E 关系。再进行图解积分或用辛普森积分可求得 N_{OE}。

2. 按萃取相计算的传质单元高度

$$H_{OE} = \frac{H}{N_{OE}} \tag{6-50}$$

式中 H——萃取塔的有效高度，m；

H_{OE}——按萃取相计算的传质单元高度，m。

3. 按萃取相计算的体积总传质系数

$$K_{YEa} = \frac{S}{H_{OE} \cdot \Omega} \tag{6-51}$$

式中 S——萃取相中纯溶剂（水）的流量，kg/h；

Ω——萃取塔截面积，m^2；

K_{YEa}——按萃取相计算的体积总传质系数，kg/（$m^3 \cdot$ h）。

同理,本实验也可以按萃余相计算 N_{OR},H_{OR} 及 K_{XRa}。

6.9.4　实验装置

实验装置 1 的流程如图 6 – 12 所示。萃取塔为上下往复式萃取塔,塔径为 37 mm,塔身高 1 500 mm,塔的有效高度 1 200 mm,塔身材质为硬质硼硅酸盐玻璃管,塔顶与塔底的玻璃管端扩口处分别通过增强酚醛压塑法兰、橡皮圈、橡胶垫片与不锈钢法兰连接。塔内有 16 个环形隔板,将塔分为 15 段,相邻两隔板的间距是 50 mm,每段的中部位置各有在同轴上安装的由 1 片桨叶组成的振动装置。顶端亦经轴承穿出塔外与安装在塔顶上的电机主轴相连。电动机为直流电动机,通过调压变压器改变电机电压无级变速。

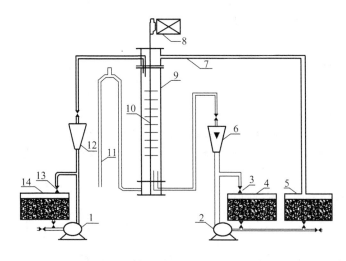

图 6 – 12　往复式萃取塔实验流程示意图

1—水泵;2—油泵;3—煤油回流阀;4—煤油原料箱;5—煤油回收箱;6—煤油流量计;7—回流管;
8—电机;9—萃取塔;10—桨叶;11—π 形管;12—水转子流量计;13—水回流阀;14—水箱

操作时的振速由指示表给出。在塔的下部和上部轻重两相的入口管分别在塔内向上或向下延伸约 200 mm,分别形成两个分离段,轻重两相将在分离段内分离。萃取塔的有效高度 H 则为两相入口管管口之间的距离。

实验装置 2 的流程如图 6 – 13 所示。萃取塔为桨叶式旋转萃取塔。塔身亦为硬质硼硅酸盐玻璃管,塔顶与塔底的玻璃管端扩口处分别通过增强酚醛压塑法兰、橡皮圈、橡胶垫片与不锈钢法兰连接。塔内有 16 个环形隔板,将塔分为 15 段,相邻两隔板的间距是 40 mm,每段的中部位置各有在同轴上安装的由 3 片桨叶组成的转动装置。搅拌转动轴的底端有轴承,顶端亦经轴承穿出塔外与安装在塔顶上的电机主轴相连。电动机为直流电动机,通过调压变压器改变电机电压无级变速。操作时的转速亦由指示表给出。在塔的下部和上部轻重两相的入口管分别在塔内向上或向下延伸约 200 mm,分别形成两个分离段,轻重两相将在分离段内分离。萃取塔的有效高度 H 则为两相入口管管口之间的距离。

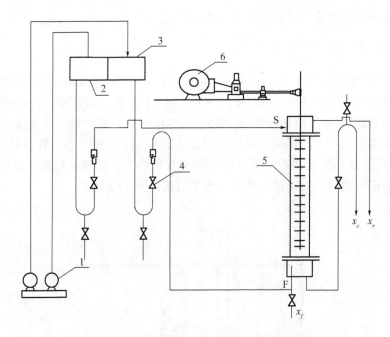

图6-13 桨叶式旋转萃取塔实验流程示意图

1—加料磁力泵;2—水槽;3—煤油槽;4—转子流量计;5—转盘萃取塔;6—转动电机

桨叶式旋转萃取塔的技术数据如下:

(1)萃取塔的几何尺寸:塔径 $D = 37$ mm,塔身高 1 000 mm,塔的有效高度 $H = 750$ mm。

(2)流量计:不锈钢材质,型号 LZB-4,流量 1~10 L/h,精度 1.5 级。

(3)水泵、油泵:CQ 型磁力驱动泵,型号 16CQ-8,电压 380 V,功率 180 W,扬程 8 m,吸程 3 m,流量 30 L/min,转速 2 800 r/min。

6.9.5 实验方法

(1)在实验装置水箱或水槽内放满水,在煤油原料箱或煤油槽内放满配制好的煤油。分别开动水相和煤油相泵的电闸,将两相的回流阀打开,使其循环流动。

(2)全开水转子流量计调节阀,将重相(连续相)送入塔内。当塔内水面快上升到重相入口与轻相出口间中点时,将水流量调至指定值(4~10 L/h),并缓慢改变 π 形管高度使塔内液位稳定在轻相出口以下的位置上。

(3)开动电动机,适当地调节变压器使其频率达到指定值。调节频率时应缓慢调节,绝不能调节过快致使马达产生"飞转"而损坏设备。

(4)将轻相(分散相)流量调至指定值(4~10 L/h),并注意及时调节 π 形管的高度。在实验过程中,始终保持塔顶分离段两相的相界面位于轻相出口以下。

(5)操作稳定半小时后用锥形瓶收集轻相进、出口的样品各约 40 mL,重相出口样品约 50 mL,备分析浓度之用。

(6)取样后,即可改变条件进行另一操作条件下的实验。保持煤油相和水相流量不变,将往复频率调到另一定数值,进行另一条件下的测试。

（7）用容量分析法测定各样品的浓度。用移液管分别取煤油相 10 mL、水相 25 mL 样品，用酚酞做指示剂，用 0.01 mol/L 左右 NaOH 标准液滴定样品中的苯甲酸。在滴定煤油相时应在样品中加数滴非离子型表面活性剂 AEO（脂肪醇聚氧乙烯醚），也可加入其他类型的非离子型表面活性剂，并激烈地摇动滴定至终点。

由苯甲酸与 NaOH 的化学反应式 $C_6H_5COOH + NaOH \Longrightarrow C_6H_5COONa + H_2O$ 可知，到达滴定终点（化学计量点）时，被滴物的摩尔数 $n_{C_6H_5COOH}$ 和滴定剂的摩尔数 n_{NaOH} 正好相等。即

$$n_{C_6H_5COOH} = n_{NaOH} = M_{NaOH} \cdot V_{NaOH}$$

式中　M_{NaOH}——NaOH 溶液的体积摩尔浓度，mol/mL；

　　　V_{NaOH}——NaOH 溶液的体积，mL。

（8）实验完毕后，关闭两相流量计，并将调压器调至零，切断电源。滴定分析过的煤油应集中存放回收。洗净分析仪器，一切复原，保持实验台面的整洁。

6.9.6　注意事项

（1）调节电压时一定要小心谨慎缓慢地升压，千万不能增速过猛使马达产生"飞转"损坏设备。最高电压为 30 V。

（2）在操作过程中，要绝对避免塔顶的两相界面在轻相出口以上，因为这样会导致水相混入煤油相储槽。

（3）由于分散相和连续相在塔顶、塔底滞留很大，改变操作条件后，稳定时间一定要足够长，大约要用半小时，否则误差极大。

（4）煤油的实际体积流量并不等于流量计的读数。需用煤油的实际流量数值时，必须用流量修正公式对流量计的读数进行修正后方可使用。

（5）煤油流量不要太小或太大，太小会使煤油出口的苯甲酸浓度太低，从而导致分析误差较大；太大会使煤油消耗增加。建议水流量取 4 L/h，煤油流量取 6 L/h。

6.9.7　实验数据表

表 6 – 12 为萃取塔性能测定数据表。

表 6 – 12　萃取塔性能测定数据表

装置编号：_____　塔型：_____　塔内径：_____

溶质 A：_____　稀释剂 B：_____　萃取剂 S：_____

连续相：_____　分散相：_____　油相密度：_____

流量计转子密度 ρ_f：_____　塔的有效高度：_____

塔内温度：_____　水相密度：_____

项目\实验序号	1	2
往复频率电压 V		
水转子流量计读数 L/h		
煤油转子流量计读数 L/h		

表 6 – 12(续)

项目\实验序号			1	2
校正得到的煤油实际流量 L/h				
浓度分析		NaOH 溶液浓度 N		
	塔底轻相 X_{Rb}	样品体积/mL		
		NaOH 用量/mL		
	塔顶轻相 X_{Rt}	样品体积/mL		
		NaOH 用量/mL		
	塔底重相 Y_{Bb}	样品体积/mL		
		NaOH 用量/mL		
计算及实验结果	塔底轻相质量比组成 $X_{Rb}/(kgA/kgB)$			
	塔顶轻相质量比组成 $X_{Rt}/(kgA/kgB)$			
	塔底重相质量比组成 $Y_{Bb}/(kgA/kgB)$			
	水流量/(kg/h)			
	煤油流量/(kg/h)			
	传质单元数 N_{OE}(图解积分)			
	传质单元高度 H_{OE}			
	体积总传质系数,$K_{YE_a}/(kgA/(m^3 \cdot h \cdot (kgA/kgS)))$			

6.9.8 思考题

1. 由实验结果得出,在其他条件不变时,增大往复频率,N_{OE} _____,H_{OE} _____,K_{YE_a} _____。是否往复频率越大,传质效果越好?

2. 在实验流程中水相出口接的 π 形管起什么作用?

3. 在整个实验过程中,为什么塔顶两相界面一定要控制在轻相出口和重相入口之间适中位置并保持不变?

4. 本实验中分配曲线与操作曲线的相对位置如何? 如何确定该萃取过程的操作线方程?

6.10 实验 10 孔道干燥实验

1. 为了设备的安全考虑,在开车和停车的过程中打开风机和加热时操作上应注意什么,为什么?
2. 进行孔道干燥实验时,什么情况下终止实验为宜?

6.10.1 实验目的

(1)利用干湿球温度计测定空气的湿度。
(2)测定物料在恒定干燥条件下的物料干燥曲线和干燥速率曲线。
(3)测定实验条件下恒速干燥阶段的传质系数 k_H 和传热系数 α。

6.10.2 实验原理

1. 空气的干、湿球温度及湿度测定

湿球温度 t_w,是利用水润湿的纱布包裹温度计的感温球,置于待测空气中所测得的温度。置于同一环境中的温度计测得的温度为空气的干球温度 t。当空气不饱和时始终 $t > t_w$。湿球温度是空气与湿纱布之间传热和传质过程达到稳态时的温度。空气的湿度与干、湿球温度的关系可由下式推得。

由传热方程得

$$Q = \alpha A(t - t_w) \qquad (6-52)$$

式中　Q——空气传给湿球的热量,kW;
　　　α——传热系数,$kW/(m^2 \cdot \text{℃})$;
　　　A——传热面积,m^2;
　　　t, t_w——干、湿球温度,℃。

由传质方程得

$$W = k_H A(H_w - H) \qquad (6-53)$$

式中　W——湿球温度计湿纱布水分蒸发的速率,kg/s;
　　　k_H——传质系数,$kg/(m^2 \cdot s)$;
　　　A——传质面积,m^2;
　　　H_w——温度为 t_w 时空气的饱和湿度,kg/kg 干空气;
　　　H——温度为 t 时空气的湿度,kg/kg 干空气。

又据

$$Q = Wr_w \qquad (6-54)$$

式中,r_w 为温度为 t_w 时水的汽化潜热,单位为 kJ/kg。

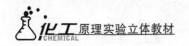

联解以上三式,得

$$t_w = t - \frac{k_H r_w}{\alpha}(H_w - H) \tag{6-55}$$

实验表明,对空气-水蒸气混合物系统,在空气速度为 3.8~10.2 m/s 时 α/k_H 近似为一常数,其值为 0.96~1.005。由式(6-55)可知,空气的湿度 H 仅为 t 和 t_w 的函数。因此,测得空气的干、湿球温度 t 和 t_w,可求得空气的湿度 H。测定湿度时,一般空气速度需大于 5 m/s,以保证测量较为精确。

2. 物料干燥曲线和干燥速率曲线

物料的干燥时间取决于物料的干燥速率,对一定物料,其干燥速率与干燥条件有关。实际上,物料的干燥速率多由试验测定,测定需要在恒定干燥条件下进行。所谓恒定干燥条件是指干燥过程中空气的温度、湿度、速度以及与湿物料接触的状况都不变。在这种条件下干燥,便于分析物料本身的干燥特性。试验条件是以大量的空气和少量的湿物料接触,测定湿物料在干燥过程中水分和其他参数的变化。在恒定条件下进行干燥,都是间歇操作,是一个非稳定操作过程,即干燥介质性质维持不变,而湿物料的温度、含水率、质量等参数都随时间改变。

干燥试验中,以绝干物料的质量 G_c 为计算基准,测定湿物料质量 G 随干燥时间 τ 的变化,直到物料质量不再发生变化为止,此时物料的含水率为平衡含水率 X^*。试验时物料瞬时含水率为

$$X = \frac{G - G_c}{G_c}$$

以时间 τ 对干基含水率 X 作图,可得干燥曲线,如图 6-14 所示。

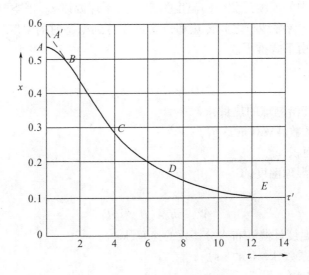

图 6-14 干燥曲线

干燥速率为单位时间、单位面积上汽化的水分的量,即

$$R = -\frac{G_c \mathrm{d}x}{A\mathrm{d}\tau} \tag{6-56}$$

式中 R——干燥速率,$kg/(m^2 \cdot s)$;

A——干燥表面积,m^2;

$dx/d\tau$——干燥曲线的斜率。

$dx/d\tau$ 可取为 $\Delta x/\Delta \tau$,即不同时间间隔 $\Delta \tau$ 内,物料的失水量 Δx。以物料含水率对干燥速度作图,得干燥速率曲线,如图 6 – 15 所示。

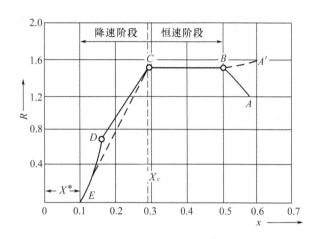

图 6 – 15　典型的干燥速率曲线(恒定干燥)

由图 6 – 15,湿物料在恒定条件下的干燥过程可分为以下几个阶段:

(1)物料加热阶段,(AB 段):一般加热时间很短,实际干燥过程通常可忽略。

(2)恒定干燥阶段,(BC 段):物料温度稳定,表面温度为湿球温度 t_w,干燥速率恒定。

(3)降速阶段(CE 段);干燥速率下降,物料表面温度逐渐升高。由恒速阶段转到降速阶段,湿物料的含水率称临界含水率 X_c,当干燥过程进行到物料质量基本不变,此时物料含水率称平衡含水率 X^*。

3. 传热系数 α 和传质系数 k_H 的确定

当物料在恒定干燥条件下进行干燥时,物料干燥速率 $R = W/A$,单位 $kg/(m^2 \cdot s)$,其中 W(单位 kg/s)为水分蒸发率,A(单位 m^2)为湿物料干燥面积。干燥速率方程以湿度差为推动力,表示为

$$R = k_H(H_w - H) \qquad (6-57)$$

若以温度差为推动力,则可表示为

$$R = \frac{\alpha}{r_w}(\tau - \tau_w) \qquad (6-58)$$

当物料在恒定干燥条件下干燥时,空气的温度 t、湿度 H、流速及与物料接触的方式均不变,所以随空气条件而定的 α 和 k_H 也不变,只要水分由物料内部迁移到表面的速率大于等于水分从表面汽化的速率,物料表面保持全面润湿,物料表面温度即为空气的湿球温度 t_w。湿球温度 t_w 不变,H_w 即不变,所以可由式(6 – 57)和式(6 – 58)求出 α 和 k_H。

6.10.3 实验装置

两套干燥装置分别如图 6 – 16 和图 6 – 17 所示。

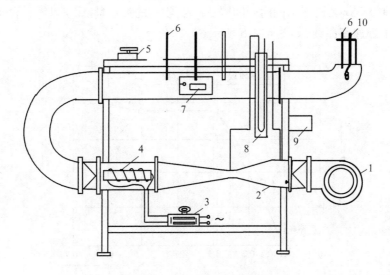

图 6 – 16　干燥实验装置 1

1—风机;2—文丘里;3—调压器;4—电炉丝;5—电子天平;

6—温度计;7—干燥物料;8—压差计;9—电源开关;10—湿球温度计

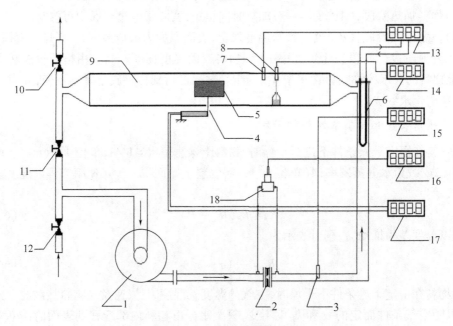

图 6 – 17　干燥实验装置 2

1—中压风机;2—孔板流量计;3—空气进口温度计;4—重量传感器;5—被干燥物料;6—加热器;

7—干球温度计;8—湿球温度计;9—孔道干燥器;10—废气排出阀;11—废气循环阀;

12—新鲜空气进气阀;13—干球温度显示控制仪表;14—湿球温度显示仪表;

15—进口温度显示仪表;16—流量压差显示仪表;

17—重量显示仪表;18—压力变送器。

6.10.4 实验方法

1. 装置1实验方法

(1)熟悉了解实验装置构造及仪器使用方法。

(2)实验采用热空气为干燥介质,以浸水润湿的纱布为湿物料。实验前称出绝干纱布的质量和纱布架的质量然后将纱布浸湿,沥去过多的水分,以不滴水为宜。将纱布缠绕到纱布架上。

(3)用纱布包裹温度计感温球,用水溺湿纱布,局部置于小水瓶中,使湿球温度计的纱布始终保持润湿状态。将其安装到干燥器上,观察并记录干、湿球温度。

(4)接通电源,启动风机,观察并记录干、湿球温度。此时测定的空气湿度即为加热前湿空气状态。

(5)接通电加热器电源,调节调压器,加热空气,温度控制在 40 ~ 50 ℃,观察记录干、湿球温度。此时测定的即为空气加热后的状态,其湿度显然是不变的。

(6)称待干燥物料(纱布和纱布架)质量后,迅速将物料放入干燥器内,并开始计时。每隔约 5 min,将物料取出,称其质量,两次的差即为失水量。实验进行到物料质量基本不变时为止。此时物料含水量为该实验条件下的平衡水分。

2. 装置2实验方法

(1)将被干燥物料试样进行充分的浸泡。

(2)向湿球温度湿度计的附加蓄水池内,补充适量水,使池内水面上升至适当位置。

(3)将被干燥物料的空支架安装在孔道内。

(4)按下电源开关的绿色按键,再按风机开关按钮,开动风机。

(5)调节三个蝶阀到适当的位置,将空气流量调至指定读数。

(6)在温度显示控制仪表上,按住"set"键 2 ~ 3 s,直至 sv 窗口显示"SU",此时 pv 窗口所显示的即为干燥器的干球温度所要达到的指定值,可通过仪表上的上移、左移键改变指定值,指定值设定好后按一下"set"键,改变到下一参数的设定(此后的参数不需改变),然后按一下"A/M"键回到仪表控制状态。按下加热开关,让电热器通电。

(7)干燥器的流量和干球温度恒定达 5 min 之后并且数字显示仪显示的数字不再增长,即可开始实验。此时,读取数字显示仪的读数作为试样支撑架的质量。

(8)将被干燥物料试样从水盆内取出,控去浮挂在其表面上的水分(使用呢子物料时,最好用力挤去所含的水分,以免干燥时间过长)。将支架从干燥器内取出,再将支架插入试样内直至尽头。

(9)将支架连同试样放入洞道内,并安插在其支撑杆上。注意不能用力过大,使传感器受损。

(10)立即按下秒表开始计时,并记录显示仪表的显示值,然后每隔一段时间记录数据一次(记录总质量和时间),直至减少同样质量所用的时间是恒速阶段所用时间的 8 倍时,即可结束实验。注意:最后若发现时间已过去很久,但减少的质量还达不到所要求的克数,则可立即记录数据。

6.10.5 注意事项

(1)在安装试样时,一定要小心保护传感器,以免用力过大使传感器机械性损伤。

（2）在设定温度给定值时，不要改动其他仪表参数，以免影响控温效果。并应缓慢调节，以免损坏元器件。

（3）为了设备的安全，开车时，一定要先开风机后开空气预热器的电热器。停车时的顺序则相反，防止干烧损坏加热器，出现事故。

（4）干燥物料要充分浸湿，但不能有水滴自由滴下，否则将影响实验数据正确性。

（5）突然断电后，再次开启实验时，检查风机开关、加热器开关是否已被按下，如果被按下，请再按一下使其弹起，不再处于导通状态。

（6）填写实验记录时，注意各物理量的量纲。

6.10.6　实验数据处理

（1）计算干燥过程中每次测得的物料（纱布）的含水率 X，作出物料干燥曲线。

（2）测定干燥面积，计算物料干燥速率 R，作出干燥速率曲线。

（3）由干、湿球温度计确定空气在加热前及加热后的湿度及相对湿度。

（4）计算恒速干燥阶段物料干燥时的传质系数 k_H 和传热系数 α。

6.10.7　思考题

1. 利用干、湿球温度计测定空气湿度时，为什么要求空气必须有一定流速？多少为宜？

2. 对于空气和水蒸气混合物系统，为什么可认为湿球温度 t_w 与空气的绝热饱和温度 t_S 相等？实验结果 α/k_H 等于多少？

3. 讨论恒定干燥条件下空气的温度和风速对于干燥速率有什么影响，如果有条件可以通过实验证实。

6.10.8　实验记录表

框架质量：_____，绝干物料质量：_____，干燥面积：_____

空气孔板流量计读数：_____，流量计处空气温度：_____，洞道截面积：_____

表 6 - 13 为干球温度和湿球温度数据记录表。

表 6 - 14 为干燥物料质量随时间变化数据记录表。

表 6 - 13　干球温度和湿球温度数据记录表

	湿球温度	干球温度
未开风机未加热状态		
开风机未加热状态		
开风机加热稳定后状态		

表6－14　干燥物料质量随时间变化数据记录表

序号	时间	质量	序号	时间	质量

注:表中质量为框架和湿物料的总质量。

6.11　实验11　仿真实验

1.每个实验项目的注意事项是什么?
2.每个实验项目是如何进行操作的?
3.如何处理与分析每个实验项目的实验数据?

6.11.1　实验目的

(1)了解计算机化工仿真技术,并能模拟实验过程、测定和分析实验数据、归纳和评价实验结果。

(2)了解流体阻力测定实验的操作方法及实验注意事项。

(3)了解离心泵性能测定实验的操作方法及实验注意事项。

(4)了解恒压过滤参数的测定实验的操作方法及实验注意事项。

(5)了解空气－水蒸汽传热综合实验的操作方法及实验注意事项。

(6)了解气体的吸收与解吸实验的操作方法及实验注意事项。

(7)了解筛板式精馏塔的操作及塔板效率测定实验的操作方法及实验注意事项。

(8)了解液液萃取实验的操作方法及实验注意事项。

(9)了解孔道干燥实验的操作方法及实验注意事项。

(10)巩固和加深对某些基本原理的理解和认识,并得到一定的充实和提高。

(11)培养学生理论联系实际的能力,提高其独立思考和独立工作的能力。

6.11.2　实验原理

参见各实验原理部分。

6.11.3　实验方法

参见软件中的"帮助"。

第7章　化学实验报告及相关
学术论文的撰写

实验报告是一份技术文件,是实验工作的全面总结和系统概括,更是实践环节中不可缺少的重要组成部分。化工原理实验具有显著的工程性,属于工程技术科学的范畴,它研究的对象是复杂的实际问题和工程问题,因此化工原理的实验报告可以按传统实验报告格式或学术论文格式撰写。编写实验报告的能力也需要经过严格的训练,为今后写好研究报告和科学论文打下基础。因此,要求学生各自独立完成撰写工作。

7.1　传统实验报告格式

本格式实验报告的内容应包括下列几项。

7.1.1　封面内容

实验名称,报告人姓名、班级及同组实验人姓名,实验地点,指导教师,实验日期。上述内容作为实验报告的封面。

7.1.2　实验目的和内容

简明扼要地说明为什么要进行本实验,实验要解决什么问题。

7.1.3　实验的理论依据(实验原理)

清晰说明实验所依据的基本原理,包括实验涉及的主要概念,实验依据的重要定律、公式及据此推算的重要结果,要求准确、充分。

7.1.4　实验装置流程示意图

准确画出实验装置流程示意图和测试点、控制点的具体位置及主要设备、仪表的名称,标出设备、仪器仪表及调节阀等的标号,在流程图的下方写出图名及与标号相对应的设备、仪器等的名称。

7.1.5　实验操作要点

根据实际操作程序划分为几个步骤,并在前面加上序数词,以使条理清晰,对于操作过程的说明应简单明了。

7.1.6　注意事项

对于容易引起设备或仪器仪表损坏、容易发生危险以及一些对实验结果影响比较大的操作,应在注意事项中注明,引起注意。

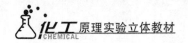

7.1.7　原始数据记录

记录实验过程中从测量仪表所读取的数值。读数方法要正确,记录数据要准确,要根据仪表的精度决定实验数据的有效数字的位数。

7.1.8　数据处理

数据处理是实验报告的重点内容之一。要求将实验原始数据经过整理、计算、加工成表格或图形形式。表格要易于显示数据的变化规律及各参数的相关性,绘图要能直观地表达变量间的相互关系。

7.1.9　数据处理计算过程举例

以某一组原始数据为例,把各项计算过程列出,以说明数据整理表中的结果是如何得到的。

7.1.10　实验结果的分析与讨论

实验结果的分析与讨论是作者理论水平的具体体现,也是对实验方法和结果进行的综合分析研究,是工程实验报告的重要内容之一,主要内容包括:

(1)从理论上对实验所得结果进行分析和解释,说明其必然性;

(2)对实验中的异常现象进行分析讨论,说明影响实验的主要因素;

(3)分析误差的大小和原因,指出提高实验结果的途径;

(4)将实验结果与前人和他人的结果对比,说明结果的异同,并解释这种异同;

(5)本实验结果在生产实践中的价值和意义,推广和应用效果的预测等;

(6)由实验结果提出进一步的研究方向或对实验方法及装置提出改进建议等。

7.1.11　实验结论

结论是根据实验结果所作出的最后判断,得出的结论要从实际出发,有理论依据。

7.1.12　思考题

教师针对实验的不同环节分别设计思考题,及时、启发性地指导学生发现、分析和解决问题,从而提高他们的研究能力,改善和提高实验效果。学生回答思考题应思路清楚,言简意赅。

7.1.13　参考文献

同论文格式部分。

7.2　化学实验相关论文的格式

科学论文有其独特的写作格式,其构成常包括以下部分:

7.2.1　标题(Title)

标题又叫题目,它是论文的总纲,是文献检索的依据,是全篇文章的实质与精华,也是引导读者判断是否阅读该文的一个依据。因此,要求标题能准确地反映论文的中心内容。

7.2.2　作者和单位(Author and Institute)

署名作者只限于那些选定研究课题和制定研究方案,直接参加全部或主要研究工作,做出主要贡献并了解论文报告的全部内容,能对全部内容负责解答的人。工作单位写在作者名下。

7.2.3　摘要(Abstract)

撰写摘要的目的是让读者对本文研究了什么问题,用什么方法,得到什么结果,这些结果有什么重要意义一目了然,是对论文内容不加注解和评论的概括性陈述,是全文的高度浓缩。一般是文章完成后,最后提炼出来的。摘要的长短一般以几十个字至三百字为宜。

7.2.4　关键词(Keywords)

关键词是被选出来的论文中起关键作用的、最能说明问题的、代表论文内容特征的或最有意义的词,便于检索的需要,可选 3~8 个关键词。

7.2.5　前言(Introduction)

前言,又叫引言、导言、序言等,是论文主体部分的开端。前言一般包括以下几项内容:

(1)研究背景和目的。说明从事该项研究的理由,其目的与背景是密不可分的,便于读者去领会作者的思路,从而准确地领会文章的实质。

(2)研究范围。指研究所涉及的范围或所取得成果的适用范围。

(3)相关领域里前人的工作和知识空白。实事求是地交代前人已做过的工作或是前人并未涉足的问题,前人工作中有什么不足并简述其原因。

(4)研究方法。指研究采用的实验方法或实验途径。前言中只提及方法的名称即可,无须展开细述。

(5)预想结果和意义。简单扼要提出本文将要解决什么问题以及解决这些问题有什么重要意义。

前言意在言简意明、条理清晰,不与摘要雷同。比较短的论文只要一小段文字作简要说明,则不用"引言"或"前言"两字。

7.2.6　正文(Text)

这是论文的核心部分。这一部分的形式主要根据作者意图和文章内容决定,不可能也不应该规定一个统一的形式。下面只介绍以实验为研究手段的论文或技术报告,包括以下几部分:

(1)实验原材料及其制备方法;

(2)实验所用设备、装置和仪器等;

(3)实验方法和过程。

说明实验所采用的是什么方法、实验过程是如何进行的、操作上应注意什么问题。要突出重点,只写关键性步骤。如果是采用前人或他人的方法,只写出方法的名称即可;如果是自己设计的新方法,则应写得详细些。在此详细说明本文的研究工作过程,包括理论分析和实验过程,可根据论文内容分成若干个标题来叙述其演变过程或分析结论的过程,每个标题的中心内容也是本文的主要结果之一。或者说,整个文章有一个中心论点,每个标题是它的分论点,是从不同角度、不同层次支持、阐明中心论点的一些观点,又可以看作是中心论点的论据。

7.2.7　实验结果与分析讨论(Results and Discussion)

这部分内容是论文的重点,是结论赖以产生的基础。需对数据处理的实验结果进一步加以整理,从中选出最能反映事物本质的数据或现象,并将其制成便于分析讨论的图或表。分析是指从理论(机理)上对实验所得的结果加以解释,阐明自己的新发现或新见解。写这部分时应注意以下几个问题。

(1)选取数据时,必须严肃认真、实事求是。选取数据要从必要性和充分性两方面去考虑,决不可随意取舍,更不能伪造数据。对于异常的数据,不要轻易删掉,要反复验证,查明是因工作差错造成的,还是事情本来就如此,还是意外现象。

(2)对图和表,要精心设计制作,图要能直观地表达变量间的相互关系,表要易于显示数据的变化规律及各参数的相关性。

(3)分析问题时,必须以事实为基础,以理论为依据。

总之,在实验结果与分析讨论中既要包含所取得的结果,还要说明结果的可信度、再现性、误差,以及与理论或分析结果的比较、经验公式的建立、尚存在的问题,等等。

7.2.8　结论(结束语)(Conclusion)

结论是论文在理论分析和计算结果(实验结果)中分析和归纳出的观点,它是以实验结果和分析讨论(或实验验证)为前提,经过严密的逻辑推理做出的最后判断,是整个研究过程的结晶,是全篇论文的精髓。据此可以看出研究成果的水平。

7.2.9　致谢(Acknowledgements)

致谢的作用主要是为了表示尊重所有合作者的劳动。致谢对象包括除作者以外所有对研究工作和论文写作有贡献、有帮助的人,如指导过论文的专家、教授,帮助搜集和整理过资料的人,对研究工作和论文写作提过建议的人等。

7.2.10　参考文献(References)

参考文献反映作者的科学态度和研究工作的依据,也反映作者对文献掌握的广度和深度,可提示读者查阅原始文献,同时也表示作者对他人成果的尊重。一般来说,前言部分所列的文献都应与主题有关;在方法部分,常需引用一定的文献与之比较;在讨论部分,要将自己的结果与同行的有关研究进行比较,这种比较要以别人的原始出版物为基础。对引用的文献按其在论文中出现的顺序,用阿拉伯数字连续编码,并顺序排列。引用格式可参照科技论文参考文献引用格式。

7.2.11　附录(Appendix)

附录在论文末尾作为正文主体的补充项目,并不是必须的。对于某些数量较大的重要原始数据、篇幅过大不适合做正文的材料、对专业同行有参考价值的资料等可作为附录,放在参考文献之后。

7.2.12　英文摘要(Abstract in English)

对于正式发表的论文,有些刊物要求有外文摘要,通常是把中文标题(Topic)、作者(Author)、摘要(Abstract)及关键词(Keywords)翻译为英文。排放位置因刊物而定。

以论文形式撰写化工原理实验报告可极大提高学生写作能力、综合应用知识能力和科研能力,可为学生今后撰写毕业论文和工作后撰写学术论文打下坚实基础,是培养综合素养和能力的重要手段,应提倡这种形式的报告。但无论何种形式的报告,均应体现它的学术性、科学性、理论性、规范性、创造性和探索性。论文和参考文献的格式,具体参考国家标准 GB 7713 – 1987《科学技术报告、学位论文和学术论文的编写格式》和 GB 7714 – 1987《文后参考文献著录规则》。

附录 A 常用物理量的单位和量纲

物理量	绝对单位制			重力单位制	
	cgs 单位	SI 单位	量纲式	工程单位	量纲式
长度	cm	m	L	m	L
质量	g	kg	M	$Kgf \cdot s^2 \cdot m^{-1}$	$L^{-1}FT^2$
力	$g \cdot cm \cdot s^{-2} = dyn$	$kg \cdot m \cdot s^{-2} = N$	LMT^{-2}	kgf	F
时间	s	s	T	s	T
速度	$cm \cdot s^{-1}$	$m \cdot s^{-1}$	LT^{-1}	$m \cdot s^{-1}$	LT^{-1}
加速度	$cm \cdot s^{-2}$	$m \cdot s^{-2}$	$LT-2$	$m \cdot s^{-2}$	LT^{-2}
压力	$dyn \cdot cm^{-2} = bar$	$N \cdot m^{-2} = Pa$	$L^{-1}MT^{-2}$	$kgf \cdot m^{-2}$	$L^{-2}F$
密度	$g \cdot cm^{-3}$	$kg \cdot m^{-3}$	$L^{-3}M$	$kgf \cdot s^2 \cdot m^{-4}$	$L^{-4}FT^2$
黏度	$dyn \cdot s \cdot cm^{-2} = P$	$N \cdot s \cdot m^{-2} = Pa \cdot s$	$L^{-1}MT^{-1}$	$kgf \cdot s \cdot m^{-2}$	$L^{-2}FT$
温度	℃	K	θ	℃	θ
能量或功	$dyn \cdot cm = erg$	$N \cdot m = J$	L^2MT^{-2}	$kgf \cdot m$	LF
热量	cal	J	L^2MT^{-2}	kcal	LF
比热容	$cal \cdot g^{-1} \cdot ℃^{-1}$	$J \cdot kg^{-1} \cdot K^{-1}$	$L^2T^{-2}\theta^{-1}$	$kcal \cdot kgf^{-1} \cdot ℃^{-1}$	$L\theta^{-1}$
功率	$erg \cdot s^{-1}$	$J \cdot s^{-1} = W$	L^2MT^{-3}	$kgf \cdot m \cdot s^{-1}$	LFT^{-1}
热导率	$cal \cdot cm^{-1} \cdot s^{-1} \cdot ℃^{-1}$	$W \cdot m^{-1}K^{-1}$	$LMT^{-3}\theta^{-1}$	$kcal \cdot m^{-1} \cdot s^{-1} \cdot ℃^{-1}$	$FT^{-1}\theta^{-1}$
传热系数	$cal \cdot cm^{-2} \cdot s^{-1} \cdot ℃^{-1}$	$W \cdot m^{-2} \cdot K^{-1}$	$MT^{-3}\theta^{-1}$	$kcal \cdot m^{-2} \cdot s^{-1} \cdot ℃^{-1}$	$FL^{-1}T^{-1}\theta^{-1}$
扩散系数	$cm^2 \cdot s^{-1}$	$m^2 \cdot s^{-1}$	L^2T^{-1}	$m^2 \cdot s^{-1}$	L^2T^{-1}

附录 B 单位换算表

物理量	名称	单位称号	换算关系
力	牛顿 达因	N dyn	$1\ N = 1\ kg \cdot m \cdot s^{-2} = 10^5\ dyn$ $1\ dyn = 1\ g \cdot cm \cdot s^{-2}$
长度	米 厘米 毫米 微米 埃	m cm mm μm	$1\ m = 100\ cm = 1\ 000\ mm$ $1\ \mu m = 10^{-6}\ m = 10^{-3}\ mm$ $1\ 埃 = 10^{-10}\ m$
面积	米^2 厘米^2 毫米^2	m^2 cm^2 mm^2	$1\ m^2 = 10^4\ cm^2 = 10^6\ mm^2$ $1\ m^2 = 1\ 550\ in^2$
体积	米^3 厘米^3 升	m^3 cm^3 L	$1\ m^3 = 10^6\ cm^3 = 10^3\ L$ $1\ L = 1\ 000\ mL$ $1\ L = 10^3\ cm^3$
压力（压强）	帕斯卡 托 物理大气压 工程大气压 巴	Pa torr atm at bar	$1\ Pa = 1\ N \cdot m^{-2}$ $1\ torr = 1\ mmHg$ $1\ atm = 1.013 \times 10^5\ Pa = 1.013\ kgf \cdot cm^{-2} = 10\ 330\ kgf \cdot m^{-2} = 10.33\ mH_2O$ $1\ at = 9.81 \times 10^4\ Pa = 9.81 \times 10^4\ N \cdot m^2 = 1\ kgf \cdot cm^2 = 10^4\ kgf \cdot m^{-2} = 735.6\ mmHg = 10\ mH_2O = 0.967\ 8\ atm$ $1\ bar = 10^5\ N \cdot m^{-2} = 10\ 200\ kgf \cdot m^{-2} = 0.986\ 9\ atm = 1.02\ at = 750\ mmHg$
热、功、能	焦耳 千卡 千瓦·小时	J kcal kW·h	$1\ J = 1\ N \cdot m$ $1\ kcal = 4.187\ kJ = 427\ kgf \cdot m$ $1\ kW \cdot h = 3.610^6\ J = 860\ kcal$
功率	瓦特 千瓦	W kW	$1\ W = 1\ J \cdot s^{-1}$ $1\ kW = 1\ 000\ W = 102\ kgf \cdot m \cdot s^{-1}$

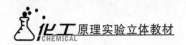

附录 B(续)

物理量	名称	单位称号	换算关系
黏度	泊 厘泊	P cP	$1\ P = 1\ g \cdot cm^{-1} \cdot s^{-1} = 1\ dyn \cdot s^{-1} \cdot cm^{-2} = 100\ cP = 0.$ $010\ 2\ kgf \cdot s \cdot m^{-2}$ $1\ cP = 1.02 \times 10^{-4}\ kgf \cdot s \cdot m^{-2} = 0.001\ N \cdot s \cdot m^{-2} = 0.$ $01\ dyn \cdot s \cdot cm^{-2}$ $1\ kgf \cdot s \cdot m^{-2} = 981\ 0\ cP = 9.81\ N \cdot s \cdot m^{-2}$
运动 黏度	斯托克斯	st	$1\ st = 1\ cm^2 \cdot s$ $1\ cm^2 \cdot s = 10^{-4}\ m^2 \cdot s - 1$
表面 张力		σ	$1\ dyn \cdot cm^{-1} = 0.001\ N \cdot m^{-1}$ $= 1.02 \times 10^{-4}\ kgf \cdot m^{-1}$ $1\ N \cdot m^{-1} = 103\ dyn \cdot cm^{-1}$
比热容		c_p	$1\ cal \cdot kgf^{-1} \cdot {}^0C^{-1} = 418\ 7\ J \cdot kg^{-1} \cdot K^{-1}$ $1\ kJ \cdot kg^{-1} \cdot K^{-1} = 0.238\ 9\ kcal \cdot lkg^{-1} \cdot {}^{\circ}C^{-1}$
热导率		λ	$1\ kcal \cdot m^{-1} \cdot s^{-1} \cdot {}^0C^{-1} = 4\ 187\ W \cdot m^{-1} \cdot K^{-1}$ $= 3\ 600\ kcal \cdot m^{-1} \cdot h^{-1} \cdot {}^{\circ}C^{-1}$
传热 系数		K	$1\ kcal \cdot m^{-2} \cdot h^{-1} \cdot {}^0C^{-1} = 1.163\ W \cdot m^{-2} \cdot K^{-1}$ $= 2.778 \times 10^{-5}\ cal \cdot cm^{-2} \cdot s^{-1} \cdot {}^{\circ}C^{-1}$
摩尔 气体 常数		R	$R = 1.987\ kcal \cdot kmol^{-1} \cdot K^{-1}$ $= 8.31\ kJ \cdot kmol^{-1} \cdot K^{-1}$ $= 0.082\ atm \cdot m^3 \cdot kmol^{-1} \cdot K^{-1}$ $= 848\ kgf \cdot m \cdot kmol^{-1} \cdot K^{-1}$

附录 C 常温、常压下苯甲酸－煤油－水平衡数据

kg 苯甲酸 /kg 煤油	kg 苯甲酸 /kg 水	kg 苯甲酸 /kg 煤油	kg 苯甲酸 /kg 水	kg 苯甲酸 /kg 煤油	kg 苯甲酸 /kg 水
0.000 0	0.000 040	0.000 8	0.000 653	0.001 6	0.001 030
0.000 1	0.000 135	0.000 9	0.000 721	0.001 7	0.001 060
0.000 2	0.000 240	0.001 0	0.000 781	0.001 8	0.001 091
0.000 3	0.000 337	0.001 1	0.000 838	0.001 9	0.001 109
0.000 4	0.000 426	0.001 2	0.000 880	0.002 0	0.001 120
0.000 5	0.000 510	0.001 3	0.000 925	0.002 1	0.001 129
0.000 6	0.000 581	0.001 4	0.000 970		
0.000 7	0.000 584	0.001 5	0.001 002		

附录 D 干空气的物理性质(101.33 kPa)

温度 $t/℃$	密度 $\rho/(\text{kg} \cdot \text{m}^{-3})$	比定压热容 $c_p/(\text{kJ} \cdot \text{kg}^{-1} \cdot \text{K}^{-1})$	导热系数 $\lambda/(10^{-2}\text{W} \cdot \text{m}^{-1} \cdot \text{K}^{-1})$	黏度 $\mu/(10^{-5}\text{Pa} \cdot \text{s})$	普朗特数 Pr
−50	1.584	1.013	2.035	1.46	0.728
−40	1.515	1.013	2.117	1.52	0.728
−30	1.453	1.013	2.198	1.57	0.723
−20	1.395	1.009	2.279	1.62	0.716
−10	1.342	1.009	2.36	1.67	0.712
0	1.293	1.009	2.442	1.72	0.707
10	1.247	1.009	2.512	1.76	0.705
20	1.205	1.013	2.593	1.81	0.703
30	1.165	1.013	2.675	1.86	0.701
40	1.128	1.013	2.756	1.91	0.699
50	1.093	1.017	2.826	1.96	0.698
60	1.06	1.017	2.896	2.01	0.696
70	1.029	1.017	2.966	2.06	0.694
80	1	1.022	3.047	2.11	0.692
90	0.972	1.022	3.128	2.15	0.69
100	0.946	1.022	3.21	2.19	0.688
120	0.898	1.026	3.338	2.28	0.686
140	0.854	1.026	3.489	2.37	0.684
160	0.815	1.026	3.64	2.45	0.682
180	0.779	1.034	3.78	2.53	0.681
200	0.746	1.034	3.931	2.6	0.68
250	0.674	1.043	4.268	2.74	0.677
300	0.615	1.047	4.605	2.97	0.674
350	0.566	1.055	4.908	3.14	0.676
400	0.524	1.068	5.21	3.3	0.678
500	0.456	1.072	5.745	3.62	0.687

附录 E 铜－康铜热电偶分度表(单位:mV)

温度/℃	+0	+1	+2	+3	+4	+5	+6	+7	+8	+9
－50		－1.785	－1.751	－1.717	－1.682	－1.648	－1.614	－1.579	－1.544	－1.51
－40	－1.475	－1.44	－1.405	－1.37	－1.334	－1.299	－1.263	－1.228	－1.192	－1.157
－30	－1.121	－1.085	－1.049	－1.013	－0.976	－0.94	－0.903	－0.867	－0.83	－0.794
－20	－0.757	－0.72	－0.683	－0.646	－0.602	－0.571	－0.534	－0.495	－0.458	－0.421
－10	－0.383	－0.345	－0.307	－0.269	－0.231	－0.193	－0.154	－0.116	－0.077	－0.039
0	0	0.039	0.078	0.117	0.156	0.195	0.234	0.273	0.312	0.351
10	0.391	0.43	0.47	0.51	0.549	0.589	0.629	0.669	0.709	0.749
20	0.789	0.83	0.87	0.911	0.951	0.992	1.032	1.073	1.114	1.155
30	1.196	1.237	1.279	1.32	1.361	1.403	1.444	1.486	1.528	1.569
40	1.611	1.653	1.6955	1.738	1.78	1.822	1.865	1.907	1.95	1.992
50	2.035	2.078	2.121	2.164	2.207	2.205	2.294	2.337	2.38	2.424
60	2.467	2.511	2.555	2.599	2.643	2.687	2.731	2.775	2.819	3.864
70	2.908	2.953	2.997	3.042	3.087	3.131	3.176	3.221	3.266	3.312
80	3.357	3.402	3.447	3.493	3.583	3.584	3.63	3.676	3.721	3.767
90	3.813	3.859	3.906	3.952	3.998	4.044	4.091	4.137	4.184	4.231
100	4.277	4.324	4.371	4.418	4.465	4.512	4.559	4.607	4.654	4.701
110	4.749	4.796	4.844	4.891	4.939	4.987	5.035	5.083	5.131	5.179
120	5.227	5.275	5.324	5.372	5.42	5.469	5.517	5.566	5.615	5.663
130	5.712	5.761	5.81	5.859	5.908	5.957	6.007	6.056	6.105	6.155
140	6.204	6.254	6.303	6.353	6.403	6.452	6.502	6.552	6.602	6.652
150	6.702	6.753	6.803	6.853	6.903	6.954	7.004	7.055	7.106	7.15
160	7.207	7.258	7.309	7.36	7.411	7.462	7.513	7.564	7.615	7.66
170	7.718	7.769	7.821	7.872	7.924	7.975	8.027	8.079	8.131	8.183

附录 F 水的物理性质

温度 t/℃	饱和蒸气压 p/kPa	密度 $\rho/(\text{kg} \cdot \text{m}^{-3})$	焓 $H/(\text{kJ} \cdot \text{kg}^{-1})$	比定压热容 $c_p/(\text{kJ} \cdot \text{kg}^{-1} \cdot \text{K}^{-1})$	导热系数 $\lambda/(10^{-2}\text{W} \cdot \text{m}^{-1} \cdot \text{K}^{-1})$	黏度 $\mu/(10^{-5}\text{Pa} \cdot \text{s})$	体积膨胀系数 $\alpha/(10^{-4}\text{K}^{-1})$	表面张力 $\sigma/(10^{-3}\text{N} \cdot \text{m}^{-1})$	普朗特数 Pr
0	0.6082	999.9	0	4.212	55.13	179.21	0.63	75.6	13.66
10	1.2262	999.7	42.04	4.197	57.45	130.77	0.7	74.1	9.52
20	2.3346	998.2	83.9	4.183	59.89	100.5	1.82	72.6	7.01
30	4.2474	995.7	125.69	4.174	61.76	80.07	3.21	71.2	5.42
40	7.3766	992.2	165.71	4.174	63.38	65.6	3.87	69.6	4.32
50	12.31	988.1	209.3	4.174	64.78	54.94	4.49	67.7	3.54
60	19.932	983.2	251.12	4.178	65.94	46.88	5.11	66.2	2.98
70	31.164	977.8	292.99	4.178	66.76	40.61	5.7	64.3	2.54
80	47.379	971.8	334.94	4.195	67.45	35.65	6.32	62.6	2.22
90	70.136	965.3	376.98	4.208	67.98	31.65	6.95	60.7	1.96
100	101.33	958.4	419.1	4.22	68.04	28.38	7.52	58.8	1.76
110	143.31	951	461.34	4.238	68.27	25.89	8.08	56.9	1.61
120	198.64	943.1	503.67	4.25	68.5	23.73	8.64	54.8	1.47
130	270.25	934.8	546.38	4.266	68.5	21.77	9.17	52.8	1.36
140	361.47	926.1	589.08	4.287	68.27	20.1	9.72	50.7	1.26
150	476.24	917	632.2	4.312	68.38	18.63	10.3	48.6	1.18

（续）

温度 $t/{}^{\circ}C$	饱和蒸气压 p/kPa	密度 $\rho/(kg \cdot m^{-3})$	焓 $H/(kJ \cdot kg^{-1})$	比定压热容 $c_p/(kJ \cdot kg^{-1} \cdot K^{-1})$	导热系数 $\lambda/(10^{-2}W \cdot m^{-1} \cdot K^{-1})$	黏度 $\mu/(10^{-5}Pa \cdot s)$	体积膨胀系数 $\alpha/(10^{-4}K^{-1})$	表面张力 $\sigma/(10^{-3}N \cdot m^{-1})$	普朗特数 Pr
160	618.28	907.4	675.33	4.346	68.27	17.36	10.7	46.6	1.11
170	792.59	897.3	719.29	4.379	67.92	16.28	11.3	45.3	1.05
180	1 003.5	886.9	763.25	4.417	67.45	15.3	11.9	42.3	1
190	1 255.6	876	807.63	4.46	66.99	14.42	12.6	40.8	0.96
200	1 554.77	863	852.43	4.505	66.29	13.63	13.3	38.4	0.93
210	1 917.72	852.8	897.65	4.555	65.48	13.04	14.1	36.1	0.91
220	2 320.88	840.3	943.7	4.614	64.55	12.46	14.8	33.8	0.89
230	2 798.59	827.3	990.18	4.681	63.73	11.97	15.9	31.6	0.88

附录 G 常压下不同温度空气饱和水溶解氧的浓度

大气压 = 101 325 Pa

温度/℃	$O_2/(\times 10^{-6}g/L)$	温度/℃	$O_2/(\times 10^{-6}g/L)$	温度/℃	$O_2/(\times 10^{-6}g/L)$
0	14.62				
1	14.23	11	11.08	21	8.99
2	13.84	12	10.83	22	8.83
3	13.48	13	10.60	23	8.68
4	13.13	14	10.37	24	8.53
5	12.30	15	10.35	25	8.38
6	12.48	16	9.95	26	8.22
7	12.17	17	9.74	27	8.07
8	11.87	18	9.54	28	7.92
9	11.59	19	9.35	29	7.77
10	10.38				

附录 H 常温、常压下乙醇－水气液平衡数据

温度/℃	液相组成 x	气相组成 y	温度/℃	液相组成 x	气相组成 y	温度/℃	液相组成 x	气相组成 y
100	0%	0%	82.7	23.37%	54.45%	79.3	57.32%	68.41%
95.5	1.90%	17.00%	82.3	26.08%	55.80%	78.74	67.63%	73.85%
89.0	7.21%	38.91%	81.5	32.73%	59.26%	78.41	74.72%	78.15%
86.7	9.66%	43.75%	80.0	39.65%	61.22%	78.15	89.43%	89.43%
85.3	12.38%	47.04%	79.8	50.97%	65.64%			
84.1	16.61%	50.89%	79.7	51.98%	65.99%			

附录 I 缓冲溶液的 pH 值与温度关系对照表

温度/℃	pH 值		
	邻苯二甲酸盐	中性磷酸盐	硼酸钠
5	4.01	6.95	9.39
10	4.00	6.92	9.33
15	4.00	6.90	9.27
20	4.01	6.88	9.22
25	4.01	6.86	9.18
30	4.02	6.85	9.14
35	4.03	6.84	9.10
40	4.04	6.84	9.07
45	4.05	6.83	9.04
50	4.06	6.83	9.01
55	4.08	6.84	8.99
60	4.10	6.84	8.96

附录 J　缓冲溶液的配置

1. pH 值为 4 溶液

用 GR 邻苯二甲酸氢钾 10.21 g 溶解于 1 000 mL 的蒸馏水中,或将随机所配 pH 值为 4 缓冲液粉剂一包溶于 250 mL 的蒸馏水中。

2. pH 值为 6.86 溶液

用 GR 磷酸二氢钾 3.4 g,GR 磷酸氢二钠 3.55 g 溶解于 1 000 mL 的蒸馏水中,或将随机所配 pH 值为 6.86 缓冲液粉剂一包溶于 250 mL 的蒸馏水中。

3. pH 值为 9.18 溶液

用 GR 硼砂 3.81 g 溶解于 1 000 mL 的蒸馏水中,或将随机所配 pH 值为 9.18 缓冲液粉剂一包溶于 250 mL 的蒸馏水中。

参 考 文 献

[1]李永和.工业酸度计[M].北京:化学工业出版社,1991.

[2]潘莉莎,张德拉,孙中亮,等.Microsoft Excel 在化工原理恒压过滤实验教学中的应用[J].化工高等教育,2008(2):87-90.

[3]陈国奋,陈秀宇,余美琼.Origin 在化工原理离心泵特性曲线测定中的应用[J].福建师大福清分校学报,2012(5):62-68.

[4]任庆云,丁言伟,王松涛,等."传热综合实验"数据处理方法[J].计算机与应用化学,2011,28(9):1212-1214.

[5]黄雪征,张磊,谢玉辉.Origin 软件在自由沉淀和絮凝沉淀实验数据处理中的应用[J].实验室研究与探索,2013,32(6):67-70.

[6]吴彩金,张德权,胡涛.Excel 处理化工原理干燥速率曲线测定实验技巧探讨[J].广东化工,2010(6):169-172.

[7]宋莎,黎亚明,王艳力,等.自制恒压过滤参数测定实验多功能设备的实践[J].实验技术与管理,2015,32(6):94-96.

[8]黎亚明,宋莎.多功能真空装置在恒压过滤实验中的应用[J].广州化工,2015,43(12):173-175.

[9]吴洪特.化工原理实验[M].北京:化学工业出版社,2010.

[10]王忠巍,宋莎,王艳力.基于 Origin 8.0 的精馏实验数据处理实例[J].化学教育,2017,38(14):61-65.

[11]杨祖荣.化工原理实验[M].北京:化学工业出版社,2004.

[12]周立清,邓淑华,陈兰英.化工原理实验[M].广州:华南理工大学出版社,2010.

[13]李金龙,吕君,张浩.化工原理实验[M].哈尔滨:哈尔滨工程大学出版社,2012.

[14]朱明华.仪器分析[M].3 版.北京:高等教育出版社,2000.

[15]孙传经.气相色谱分析原理及技术[M].2 版.北京:化学工业出版社,1985.

[16]汪申,邬慧雄,宋静,等.ChemCAD 典型应用实例(上)——基础应用与动态控制[M].北京:化学工业出版社,2006.

[17]孙兰义.化工流程模拟实训:Aspen Plus 教程[M].北京:化学工业出版社,2012.

[18]陆恩锡,张慧娟.化工过程模拟——原理与应用[M].北京:化学工业出版社,2011.

[19]浦伟光,曹正芳.计算机化工辅助计算[M].上海:华东理工大学出版社,2008.